# Rechenrabe 2

## Mein Arbeitsheft mit eTraining

W0375050

**Autorinnen**
Annabel Kandel
Manuela Mehl
Heidi Schmidt
Mona Sommer
Jannike Thomas

Ernst Klett Verlag
Stuttgart · Leipzig · Dortmund

# Sachaufgaben lösen

○ **1** Paula kauft:

F: Wie viel muss Paula bezahlen?

L:

A:

○ **2** Anton hat: Er kauft:

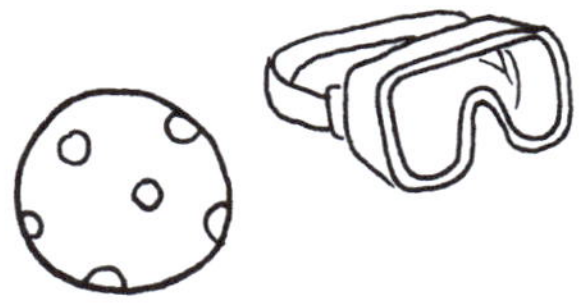

F: Wie viel bekommt Anton zurück?

L:

○ **3** Welche Frage kannst du beantworten? Kreuze an und löse.

- [ ] Wie viel Geld bekommt Max zurück?
- [ ] Wie viel muss Max bezahlen?

L:

◒ **4** Welche Frage kannst du beantworten? Kreuze an und löse.

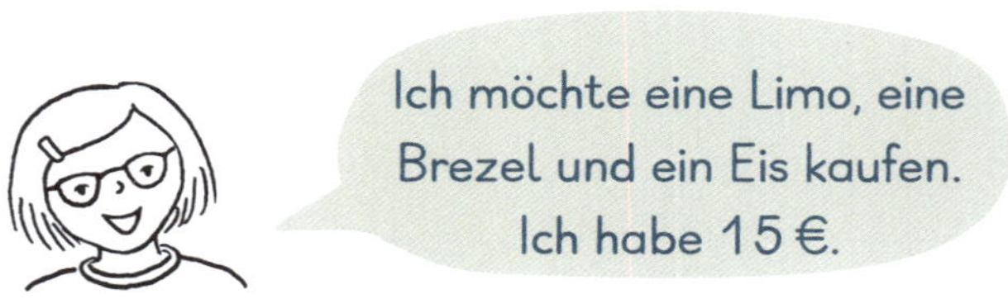


- [ ] Wie viel Taschengeld bekommt Emma?
- [ ] Wie viele Freundinnen hat Emma?
- [ ] Wie viel Geld bekommt Emma zurück?

L:



1–4 Informationen aus dem Bild entnehmen. Zu den Rechengeschichten Gleichungen finden und lösen. 1, 2 Kaufpreis bzw. Rückgeld berechnen. 3, 4 Entscheiden, welche Fragen beantwortet werden können. Passende Gleichungen finden und lösen.

→ Schülerbuch, Seiten 4/5

# Plusaufgaben

**○ 1** Kontrolliere mit den Lösungszahlen. Eine Zahl bleibt jeweils übrig.

a) 3 + 2 = 5
4 + 1 = ___
5 + 3 = ___
8 + 0 = ___
1 + 6 = ___

Lösungszahlen: 4 5 5 7 8 8

b) 7 + 2 = ___
1 + 7 = ___
0 + 5 = ___
4 + 2 = ___
3 + 4 = ___

Lösungszahlen: 5 6 6 7 8 9

c) 6 + 1 = ___
3 + 7 = ___
2 + 6 = ___
1 + 5 = ___
8 + 2 = ___

Lösungszahlen: 6 7 8 8 10 10

d) 4 + 0 = ___
5 + 1 = ___
6 + 3 = ___
4 + 6 = ___
2 + 4 = ___

Lösungszahlen: 0 4 6 6 9 10

**○ 2** Rechne zuerst die kleine Aufgabe.

14 + 3 = ___
4 + 3 = ___

15 + 2 = ___
___ + ___ = ___

12 + 4 = ___
___ + ___ = ___

13 + 5 = ___
___ + ___ = ___

12 + 7 = ___
___ + ___ = ___

18 + 1 = ___
___ + ___ = ___

16 + 0 = ___
___ + ___ = ___

11 + 9 = ___
___ + ___ = ___

**○ 3** Rund um die 10.

a) 3 + 7 = 10
4 + ___ = 10
5 + ___ = 10
8 + ___ = 10
1 + ___ = 10

Lösungszahlen: 2 5 6 7 8 9

b) 2 + ___ = 10
7 + ___ = 10
9 + ___ = 10
6 + ___ = 10
0 + ___ = 10

Lösungszahlen: 1 2 3 4 8 10

c) 10 + 3 = ___
10 + 2 = ___
10 + 8 = ___
10 + 6 = ___
10 + 4 = ___

Lösungszahlen: 12 13 14 16 17 18

**○ 4**

5 + 8 = ___
5 + 5 = 10
10 + ___ = ___

7 + 9 = ___
___ + ___ = 10
___ + ___ = ___

8 + 6 = ___
___ + ___ = 10
___ + ___ = ___

6 + 7 = ___
___ + ___ = 10
___ + ___ = ___

**○ 5**

a) 9 + 3 = ___
6 + 5 = ___
8 + 4 = ___
7 + 7 = ___
9 + 6 = ___

Lösungszahlen: 11 11 12 12 14 15

b) 4 + 8 = ___
9 + 5 = ___
8 + 7 = ___
2 + 9 = ___
7 + 5 = ___

Lösungszahlen: 11 12 12 12 14 15

c) 9 + 8 = ___
3 + 9 = ___
5 + 7 = ___
8 + 8 = ___
7 + 4 = ___

Lösungszahlen: 11 12 12 16 16 17

d) 6 + 6 = ___
9 + 2 = ___
4 + 7 = ___
6 + 9 = ___
8 + 5 = ___

Lösungszahlen: 11 11 12 13 14 15

1–3 Additionsaufgaben ohne Zehnerübergang lösen. 4 Additionsaufgaben mit Zehnerübergang lösen (zuerst bis zur 10). 5 Additionsaufgaben mit Zehnerübergang lösen. Individuelle Rechenwege nutzen. 1, 3, 5 Mit den grünen Lösungszahlen kontrollieren. Pro Päckchen bleibt eine Lösungszahl übrig.



→ Schülerbuch, Seite 6

# Minusaufgaben

**1** Kontrolliere mit den Lösungszahlen. Eine Zahl bleibt jeweils übrig.

| a) | b) | c) | d) |
|---|---|---|---|
| 5 − 3 = 2 | 7 − 6 = ___ | 6 − 5 = ___ | 4 − 4 = ___ |
| 4 − 1 = ___ | 2 − 2 = ___ | 9 − 0 = ___ | 5 − 1 = ___ |
| 7 − 2 = ___ | 8 − 3 = ___ | 4 − 2 = ___ | 6 − 2 = ___ |
| 6 − 0 = ___ | 9 − 1 = ___ | 8 − 1 = ___ | 8 − 5 = ___ |
| 8 − 4 = ___ | 4 − 3 = ___ | 9 − 6 = ___ | 9 − 7 = ___ |
| 0 ~~2~~ 3 4 5 6 | 0 1 1 2 5 8 | 1 2 3 4 7 9 | 0 2 3 3 4 4 |

**2** Rechne zuerst die kleine Aufgabe.

| | | | |
|---|---|---|---|
| 16 − 1 = ___ | 13 − 2 = ___ | 18 − 6 = ___ | 15 − 5 = ___ |
| 6 − 1 = ___ | ___ − ___ = ___ | ___ − ___ = ___ | ___ − ___ = ___ |
| 16 − 5 = ___ | 19 − 3 = ___ | 17 − 0 = ___ | 20 − 9 = ___ |
| ___ − ___ = ___ | ___ − ___ = ___ | ___ − ___ = ___ | ___ − ___ = ___ |

**3** Rund um die 10.

| a) | b) | c) |
|---|---|---|
| 12 − 2 = 10 | 13 − ___ = 10 | 14 − 4 = ___ |
| 14 − ___ = 10 | 17 − ___ = 10 | 13 − 3 = ___ |
| 15 − ___ = 10 | 19 − ___ = 10 | 15 − 5 = ___ |
| 18 − ___ = 10 | 16 − ___ = 10 | 12 − 2 = ___ |
| 11 − ___ = 10 | 10 − ___ = 10 | 16 − 6 = ___ |
| 1 ~~2~~ 3 4 5 8 | 0 3 6 7 8 9 | |

**4**

| | | | |
|---|---|---|---|
| 14 − 9 = ___ | 13 − 6 = ___ | 11 − 7 = ___ | 15 − 9 = ___ |
| 14 − 4 = 10 | ___ − ___ = 10 | ___ − ___ = 10 | ___ − ___ = 10 |
| 10 − ___ = ___ | ___ − ___ = ___ | ___ − ___ = ___ | ___ − ___ = ___ |

**5**

| a) | b) | c) | d) |
|---|---|---|---|
| 11 − 3 = ___ | 15 − 7 = ___ | 12 − 3 = ___ | 18 − 9 = ___ |
| 12 − 8 = ___ | 11 − 4 = ___ | 15 − 8 = ___ | 13 − 5 = ___ |
| 14 − 6 = ___ | 16 − 8 = ___ | 11 − 2 = ___ | 15 − 6 = ___ |
| 13 − 9 = ___ | 12 − 5 = ___ | 16 − 6 = ___ | 12 − 9 = ___ |
| 16 − 7 = ___ | 13 − 8 = ___ | 14 − 8 = ___ | 11 − 8 = ___ |
| 4 4 7 8 8 9 | 5 6 7 7 8 8 | 6 7 7 9 9 10 | 3 3 4 8 9 9 |

1–3 Subtraktionsaufgaben ohne Zehnerübergang lösen. 4 Subtraktionsaufgaben mit Zehnerübergang lösen (zuerst bis zur 10). 5 Subtraktionsaufgaben mit Zehnerübergang lösen. Individuelle Rechenwege nutzen. 1, 3, 5 Mit den grünen Lösungszahlen kontrollieren. Pro Päckchen bleibt eine Lösungszahl übrig.

→ Schülerbuch, Seite 7

# Tauschaufgaben und Umkehraufgaben

**○ 1** Rechne Aufgabe und Tauschaufgabe.

2 + 5 = ___
5 + 2 = ___

3 + 7 = ___
___ + ___ = ___

8 + 11 = ___
___ + ___ = ___

4 + 16 = ___
___ + ___ = ___

3 + 8 = ___
___ + ___ = ___

7 + 9 = ___
___ + ___ = ___

5 + 0 = ___
___ + ___ = ___

5 + 12 = ___
___ + ___ = ___

**○ 2** Rechne. Kontrolliere mit der Umkehraufgabe.

10 − 4 = 6
6 + ___ = ___

8 − 3 = ___
___ + ___ = ___

19 − 5 = ___
___ + ___ = ___

20 − 7 = ___
___ + ___ = ___

11 − 6 = ___
___ + ___ = ___

15 − 9 = ___
___ + ___ = ___

18 − 2 = ___
___ + ___ = ___

13 − 8 = ___
___ + ___ = ___

**○ 3** Schreibe Aufgabenfamilien.

Dach: 9 / 6, 3
6 + 3 =
3 + 6 =
9 − 3 =
9 − 6 =

Dach: 18 / 11, 7

Dach: 13 / 4, 9

**◒ 4** Schreibe Aufgabenfamilien.

Dach: 12 / ___, 5

Dach: 16 / 7, ___

Dach: ___ / ___, ___

1 Additionsaufgaben und ihre Tauschaufgaben notieren und lösen. 2 Subtraktionsaufgaben lösen und mit den Umkehraufgaben kontrollieren. Bei Bedarf die Aufgaben am Zwanzigerfeld legen. 3, 4 Alle Aufgaben ergeben sich aus den vorgegebenen Zahlen im Dach. Zwei Zahlen reichen aus, um alle Aufgaben einer Familie zu finden. Eine eigene Aufgabenfamilie erfinden.

→ Schülerbuch, Seite 8

# Aufgabenrollen

○ **1**

| a) | b) | c) |
|---|---|---|
| 9 + 2 = ___ | 6 + 1 = ___ | 8 + 0 = ___ |
| 8 + 2 = ___ | 6 + 2 = ___ | 9 + 1 = ___ |
| 7 + 2 = ___ | 6 + 3 = ___ | 10 + 2 = ___ |
| 6 + 2 = ___ | 6 + 4 = ___ | 11 + 3 = ___ |
| 5 + 2 = ___ | 6 + 5 = ___ | 12 + 4 = ___ |
| 4 + ___ = ___ | ___ + ___ = ___ | ___ + ___ = ___ |
| ___ + ___ = ___ | ___ + ___ = ___ | ___ + ___ = ___ |

○ **2**

| a) | b) | c) |
|---|---|---|
| 15 − 3 = ___ | 20 − 8 = ___ | 9 − 1 = ___ |
| 14 − 3 = ___ | 20 − 7 = ___ | 10 − 3 = ___ |
| 13 − 3 = ___ | 20 − 6 = ___ | 11 − 5 = ___ |
| 12 − 3 = ___ | 20 − 5 = ___ | 12 − 7 = ___ |
| 11 − 3 = ___ | 20 − 4 = ___ | 13 − 9 = ___ |
| 10 − ___ = ___ | ___ − ___ = ___ | ___ − ___ = ___ |
| ___ − ___ = ___ | ___ − ___ = ___ | ___ − ___ = ___ |

◒ **3**

| a) | b) | c) |
|---|---|---|
| 8 − 3 = ___ | 6 + 4 = ___ | 15 − 3 = ___ |
| 12 − 5 = ___ | 9 + 5 = ___ | 14 − 7 = ___ |
| 8 − 4 = ___ | 7 + 6 = ___ | 16 − 5 = ___ |
| 12 − 6 = ___ | 10 + 7 = ___ | 15 − 9 = ___ |
| 8 − 5 = ___ | 8 + 8 = ___ | 17 − 7 = ___ |
| 12 − ___ = ___ | ___ + ___ = ___ | ___ − ___ = ___ |
| ___ − ___ = ___ | ___ + ___ = ___ | ___ − ___ = ___ |

◒ **4** Setze fort und rechne.

a) Die erste Zahl wird immer um 3 größer. Die zweite Zahl bleibt immer gleich.

0 + 4 = ___
___ + 4 = ___
___ + ___ = ___
___ + ___ = ___
___ + ___ = ___

b) Die erste Zahl bleibt immer gleich. Die zweite Zahl wird immer um 2 kleiner.

12 + 8 = ___
12 + ___ = ___
___ + ___ = ___
___ + ___ = ___
___ + ___ = ___

1–3 Aufgabenrollen für die Addition und Subtraktion bearbeiten: rechnen, Muster entdecken und fortführen. Bei Bedarf Aufgaben am Zwanzigerfeld legen, um die Struktur zu entdecken. 4 Aufgabenrollen entsprechend den Regeln fortsetzen und lösen.

→ Schülerbuch, Seite 9

# Zahlenmauern

**1**

a)

| | | |
|---|---|---|
| | | |
| 7 | | |
| 3 | 4 | 2 |

b)

| | | |
|---|---|---|
| | | |
| | | |
| 5 | 4 | 6 |

c)

| | | |
|---|---|---|
| | | |
| | | |
| 7 | 1 | 6 |

d)

| | | |
|---|---|---|
| | 12 | |
| 7 | | |
| 4 | | |

e)

| | | |
|---|---|---|
| | 14 | |
| 8 | | |
| 5 | | |

f)

| | | |
|---|---|---|
| | 16 | |
| | 7 | |
| | | 4 |

g)

| | | |
|---|---|---|
| | 20 | |
| | | |
| 11 | 4 | |

h)

| | | |
|---|---|---|
| | 20 | |
| | | |
| 12 | 3 | |

i)

| | | |
|---|---|---|
| | 20 | |
| | | |
| 13 | 2 | |

j)

| | | |
|---|---|---|
| | 20 | |
| | 14 | |
| | 5 | |

k)

| | | |
|---|---|---|
| | 20 | |
| | 13 | |
| | 6 | |

**2** Setze zu Zahlenmauern zusammen.

a) 2 ~~19~~ 6 8 11 5

| | | |
|---|---|---|
| | 19 | |
| | | |
| | | |

b) 15 2 1 3 14 18

| | | |
|---|---|---|
| | | |
| | | |
| | | |

c) 5 7 13 11 20 2

| | | |
|---|---|---|
| | | |
| | | |
| | | |

**3** Löse durch Probieren.

a)

| | | |
|---|---|---|
| | 16 | |
| | | |
| 2 | | 2 |

b)

| | | |
|---|---|---|
| | 16 | |
| | | |
| 3 | | 3 |

c)

| | | |
|---|---|---|
| | 16 | |
| | | |
| 4 | | 4 |

d)

| | | |
|---|---|---|
| | 18 | |
| | | |
| 7 | | 1 |

e)

| | | |
|---|---|---|
| | 18 | |
| | | |
| 6 | | 2 |

f)

| | | |
|---|---|---|
| | 18 | |
| | | |
| 5 | | 3 |

1–3 Fehlende Zahlen mithilfe der Addition und Subtraktion ergänzen. 2, 3 Zahlenmauern zunächst mit Zahlenkarten probieren.



→ Schülerbuch, Seite 10

# Zauberdreiecke

○ **1** Löse die Zauberdreiecke.

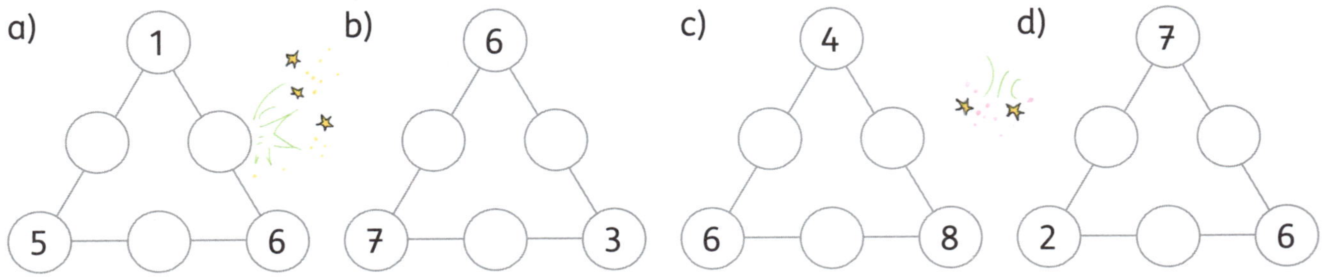


Immer **14.** Immer **14.** Immer **17.** Immer **17.**

○ **2** Löse die Zauberdreiecke.

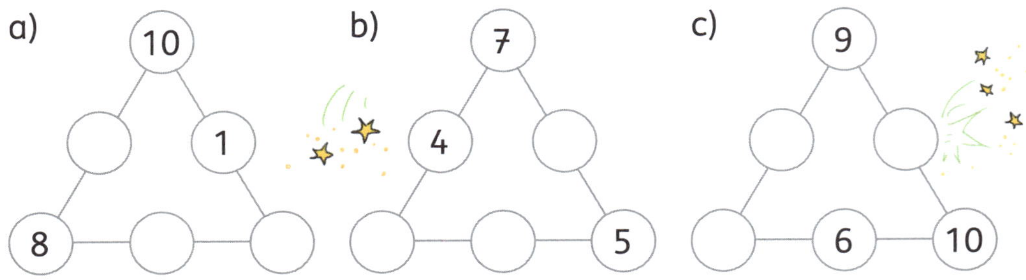


Immer **20.** Immer **20.** Immer **20.**

○ **3** Finde zuerst die Zauberzahl.

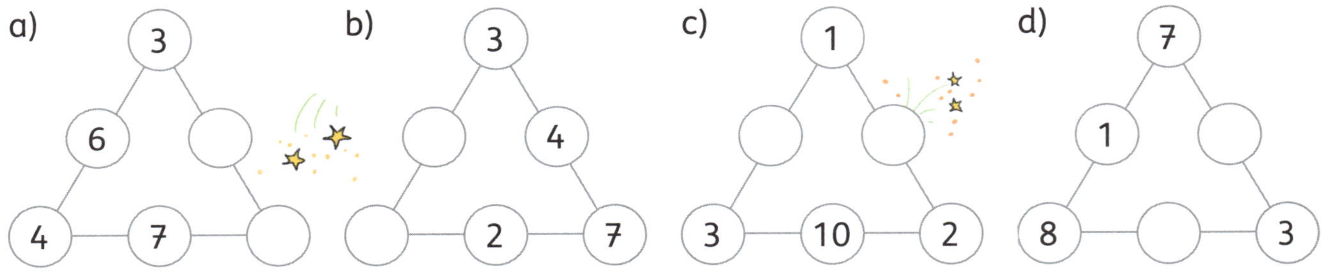


Immer ____. Immer ____. Immer ____. Immer ____.

◒ **4** Löse durch Probieren.

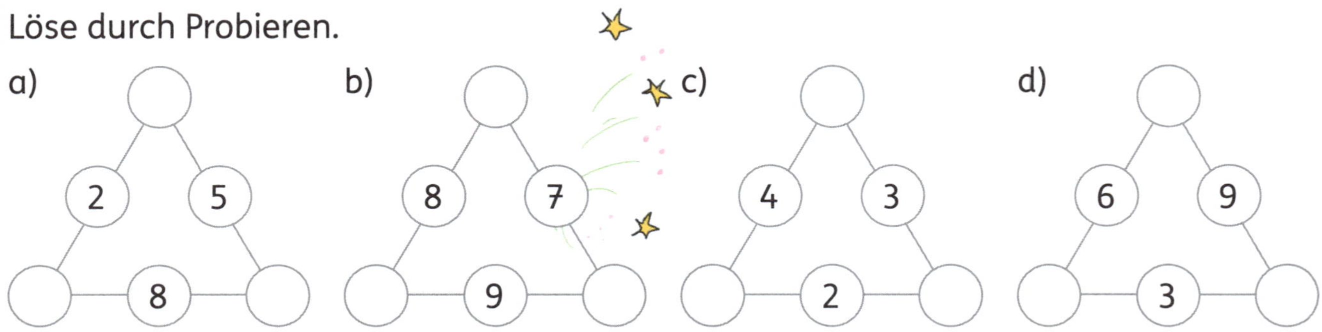


Immer **13.** Immer **14.** Immer **15.** Immer **16.**

1–4 Zauberdreiecke lösen, ggf. mit Zahlenkarten legen. Die Seiten eines Zauberdreiecks sind summengleich. Die Zauberzahl gibt die Summe jeder Seite an. Keine Zahl wird im Zauberdreieck mehrfach verwendet.



→ Schülerbuch, Seite 11

# Mit Zehnerzahlen rechnen

○ 1

a)

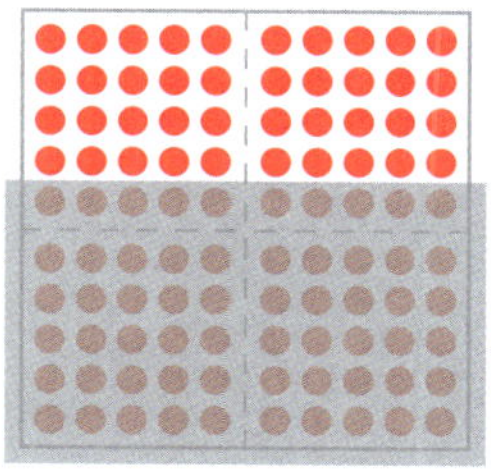

40 + 60 = ______

100 − ______ = ______

b)

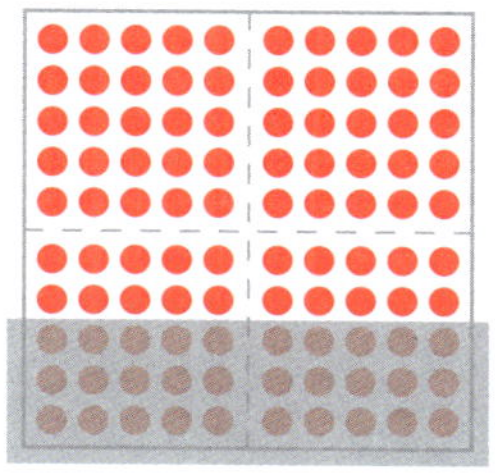

______ + ______ = ______

______ − ______ = ______

c)

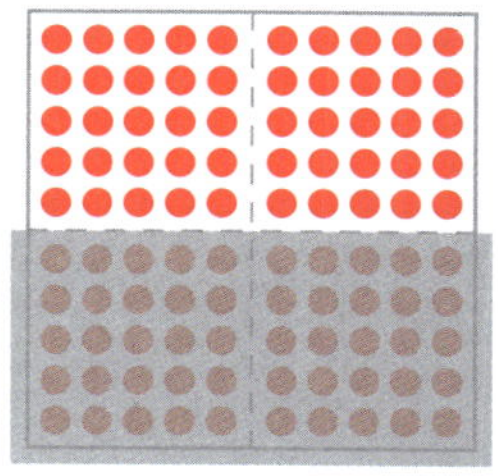

______ + ______ = ______

______ − ______ = ______

d)

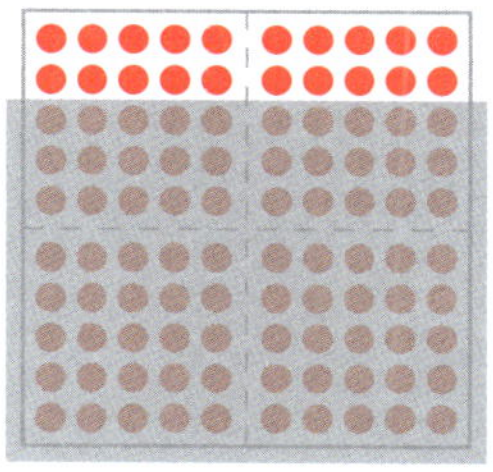

______ + ______ = ______

______ − ______ = ______

e)

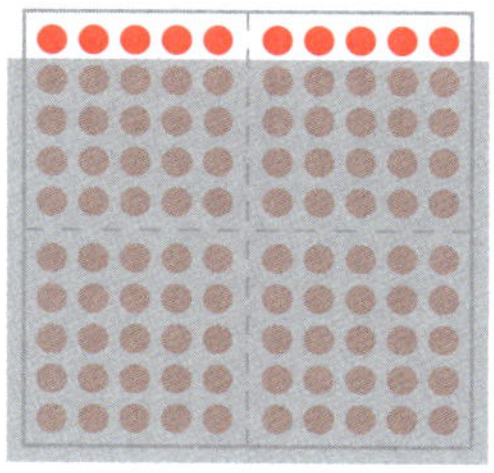

______ + ______ = ______

______ − ______ = ______

f)

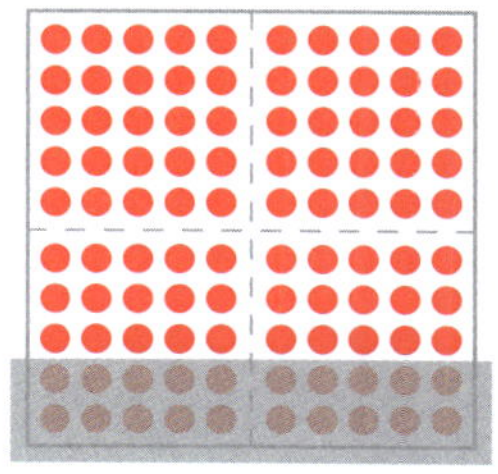

______ + ______ = ______

______ − ______ = ______

○ 2

| a) | b) | c) | d) |
|---|---|---|---|
| 20 + 40 = ___ | 60 + ___ = 100 | 40 − 10 = ___ | 100 − ___ = 70 |
| 60 + 30 = ___ | 30 + ___ = 80 | 70 − 20 = ___ | 70 − ___ = 10 |
| 30 + 50 = ___ | 30 + ___ = 100 | 80 − 70 = ___ | 100 − ___ = 60 |
| 10 + 70 = ___ | 10 + ___ = 80 | 90 − 60 = ___ | 70 − ___ = 30 |
| 60 70 80 80 90 | 40 50 70 70 80 | 10 30 30 50 50 | 30 30 40 40 60 |

○ 3

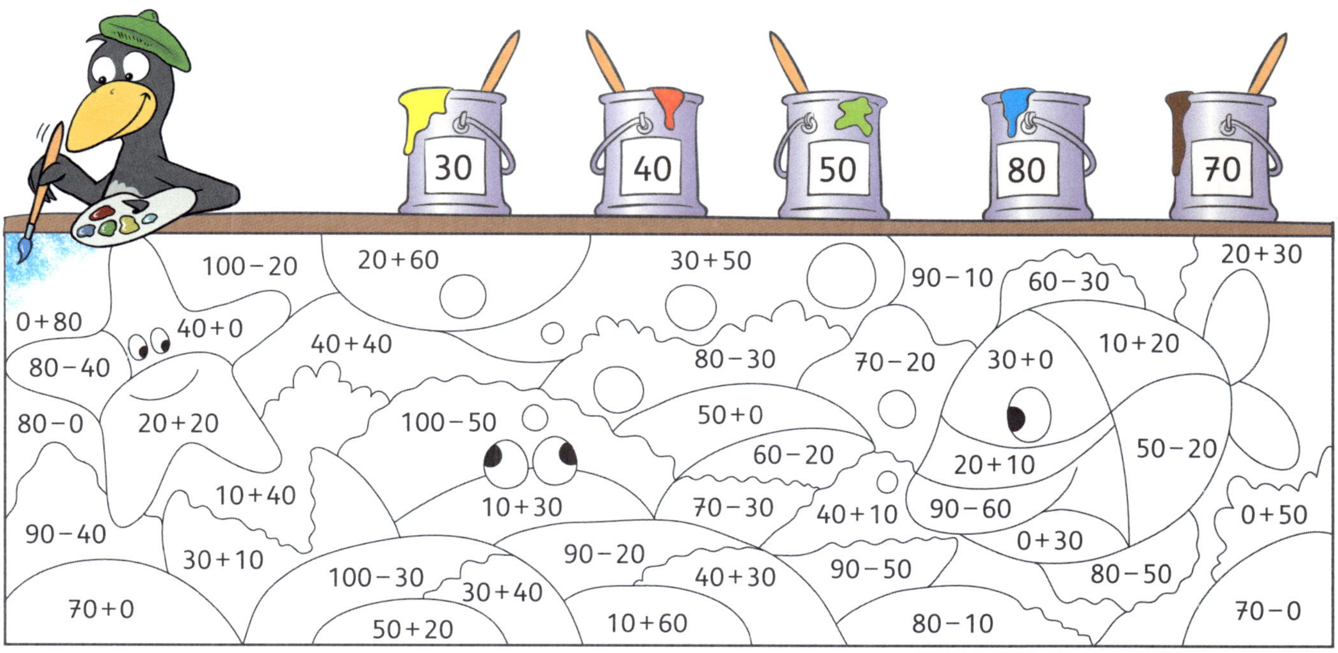


1 Jeweils Additions- und Subtraktionsaufgabe an den Hunderterfeldern erkennen, notieren und lösen (Aufgabe und Umkehraufgabe). 2 Rechnen mit Zehnerzahlen. Aufgaben lösen und mit den grünen Lösungszahlen kontrollieren. 3 Aufgaben lösen und Felder in den Farben der Ergebniszahlen ausmalen.



→ Schülerbuch, Seite 12

# Mit Geld rechnen

○ **1** Wie viel Cent sind es?

50 ct + 10 ct = ___ ct

___ ct + ___ ct = ___ ct

___ ct + ___ ct + ___ ct = ___ ct

___ ct + ___ ct + ___ ct = ___ ct

___ ct + ___ ct + ___ ct + ___ ct = ___ ct

○ **2** Rechne.

a) 60 ct + ___ ct = 100 ct
30 ct + ___ ct = 90 ct
80 ct + ___ ct = 100 ct
70 ct + ___ ct = 90 ct

b) 30 ct + ___ ct = 100 ct
30 ct + ___ ct = 80 ct
50 ct + ___ ct = 100 ct
50 ct + ___ ct = 80 ct

c) 90 ct + ___ ct = 100 ct
65 ct + ___ ct = 70 ct
50 ct + ___ ct = 70 ct
95 ct + ___ ct = 100 ct

🔑 20 20 40 40 60 | 30 50 50 70 70 | 5 5 10 10 20

◒ **3** Finde jeweils 5 Möglichkeiten.

| Betrag |  |  |  | Anzahl Münzen |
|---|---|---|---|---|
| 80 ct | \| | | \|\|\| | 4 |
| 80 ct | | | | |
| 80 ct | | | | |
| 80 ct | | | | |
| 80 ct | | | | |

| Betrag |  |  |  | Anzahl Münzen |
|---|---|---|---|---|
| 60 ct | | | | |
| 60 ct | | | | |
| 60 ct | | | | |
| 60 ct | | | | |
| 60 ct | | | | |



1 Geldbeträge addieren. 2 Geldbeträge ergänzen, ggf. mit Rechengeld legen. 3 Zu jedem Betrag fünf Zerlegungsmöglichkeiten finden und Anzahl der Münzen notieren, ggf. mit Rechengeld legen.

→ Schülerbuch, Seite 13

# Zählen und Bündeln

**○ 1** Wie viele sind es? Schreibe in die Stellenwerttafel.

a)

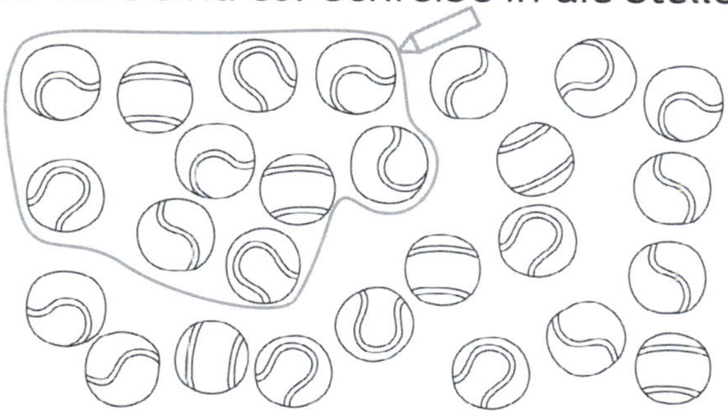

| Z | E |
|---|---|
| | |

b)

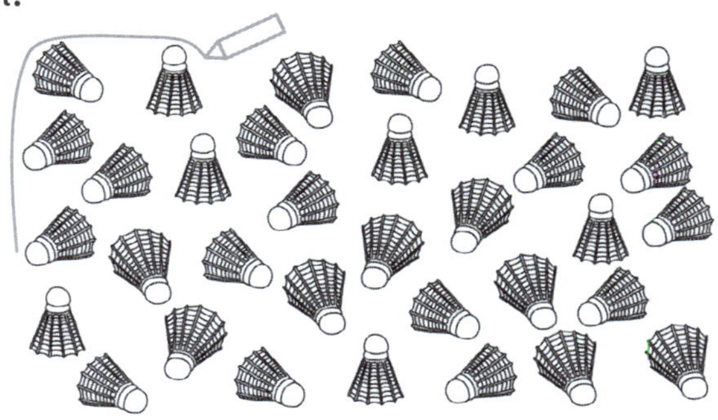

| Z | E |
|---|---|
| | |

**○ 2** a)

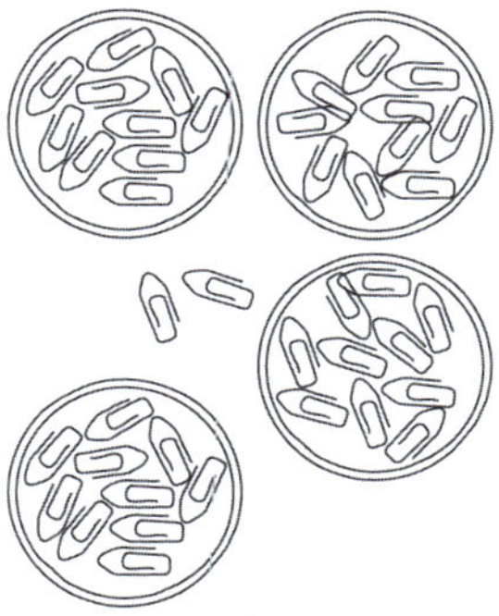

| Z | E |
|---|---|
| | |

b)

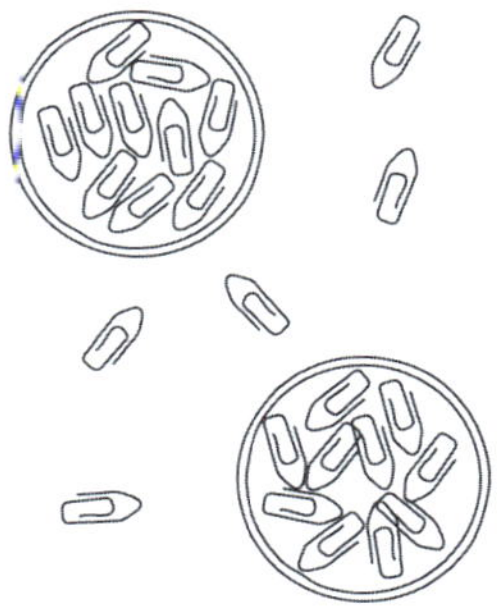

| Z | E |
|---|---|
| | |

c)

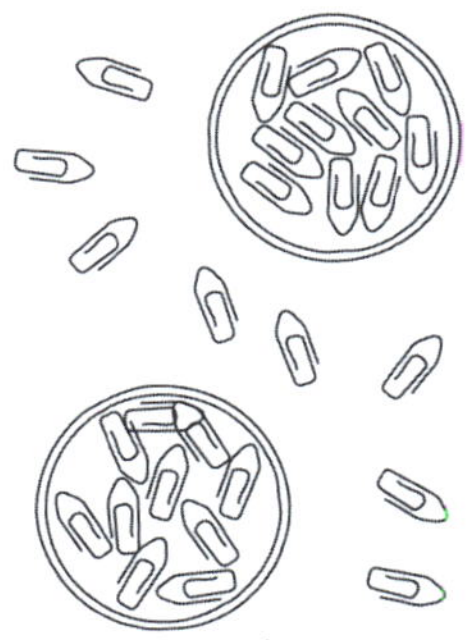

| Z | E |
|---|---|
| | |

d)

| Z | E |
|---|---|
| | |

e)

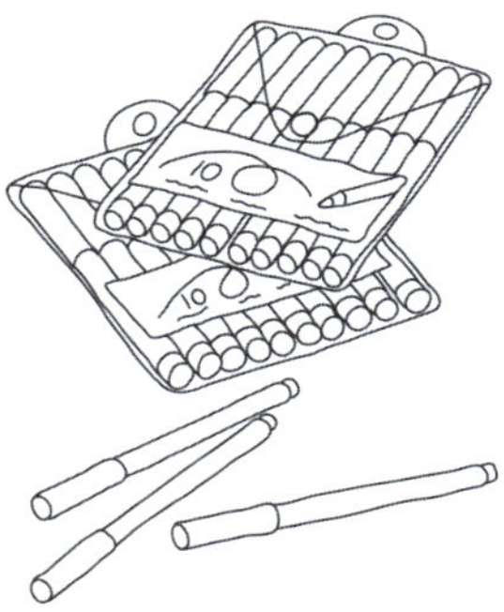

| Z | E |
|---|---|
| | |

f)

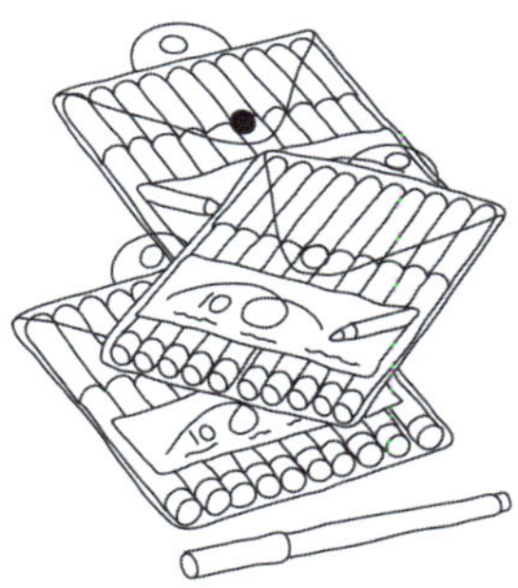

| Z | E |
|---|---|
| | |

g)

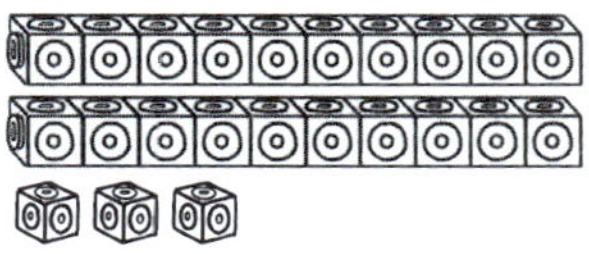

| Z | E |
|---|---|
| | |

h)

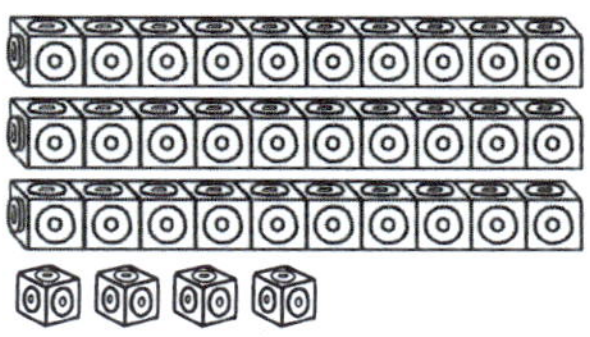

| Z | E |
|---|---|
| | |

i)

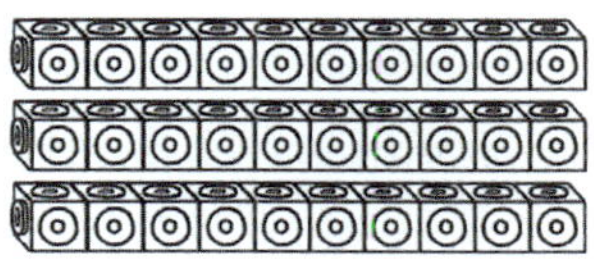

| Z | E |
|---|---|
| | |

1 Jeweils immer 10 einkreisen. Zehner und Einer in der Stellenwerttafel notieren. 2 Zehnerbündelungen in den Bildern erkennen. Zehner und Einer in der Stellenwerttafel notieren.



→ Schülerbuch, Seite 14

# Zehner und Einer

○ **1** Zeichne die Zahlen in das Hunderterfeld.

a)
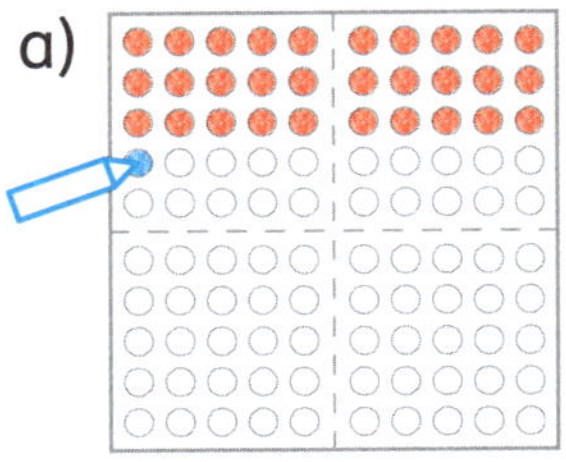

| Z | E |
|---|---|
| 3 | 8 |

b)
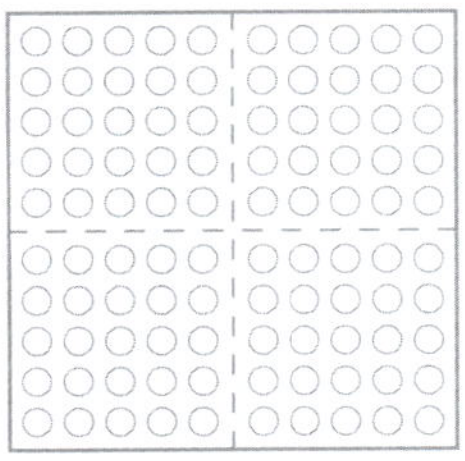

| Z | E |
|---|---|
| 4 | 6 |

c)
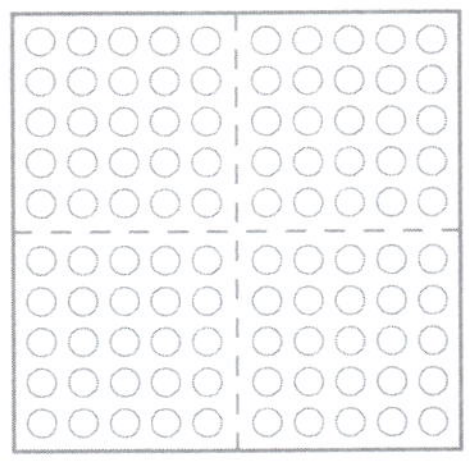

| Z | E |
|---|---|
| 5 | 9 |

○ **2**

a)
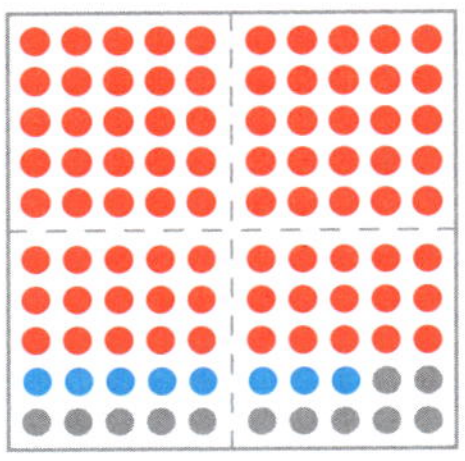

88 = 80 + 8

b)
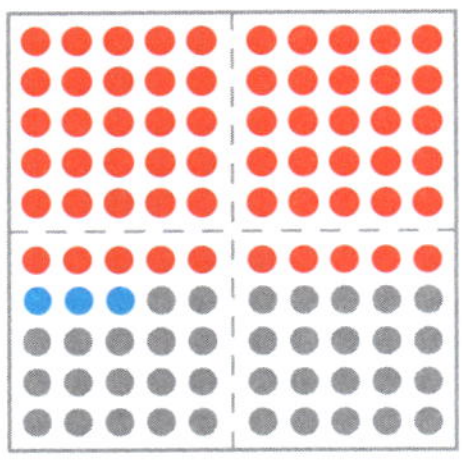

= +

c)
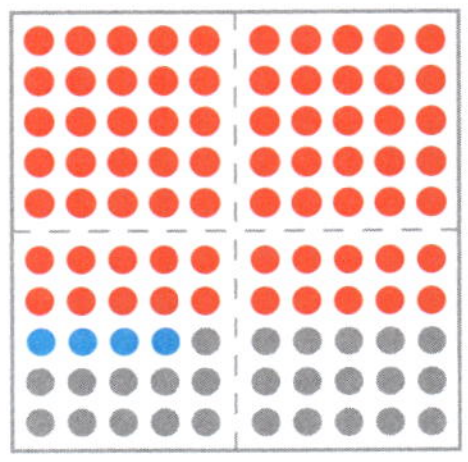

= +

d)
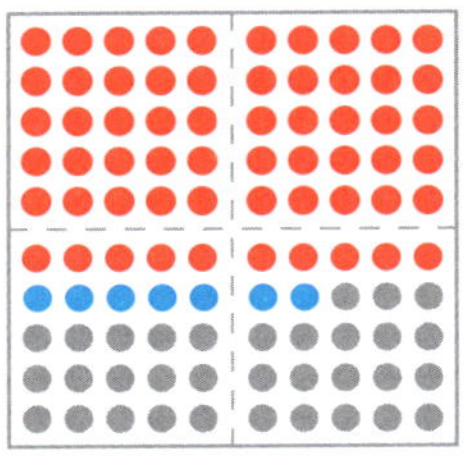

= +

e)
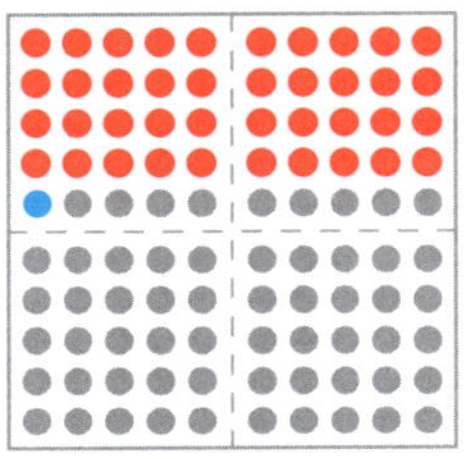

= +

f)
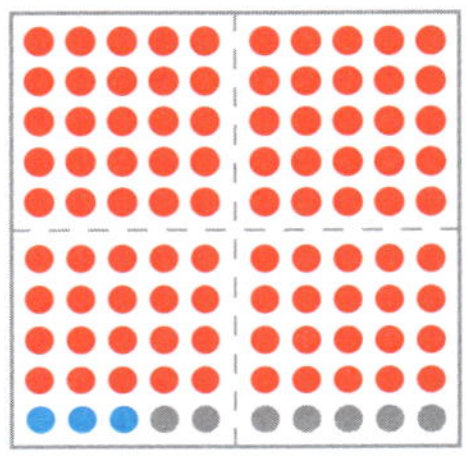

= +

○ **3** Schreibe die Zahlen.

a) achtundfünfzig ___
achtundzwanzig ___
achtundsiebzig ___

b) fünfzehn ___
zweiundvierzig ___
sechsundsiebzig ___

c) neununddreißig ___
siebenundvierzig ___
fünfundneunzig ___

◒ **4** Lies und schreibe die Zahlen in die Stellenwerttafel.

dreiundvierzig

| Z | E |
|---|---|
| | |

zweiundachtzig

| Z | E |
|---|---|
| | |

fünfundsiebzig

| Z | E |
|---|---|
| | |

zwölf

| Z | E |
|---|---|
| | |

sechsundneunzig

| Z | E |
|---|---|
| | |

1 Zahlen als Plättchen im Hunderterfeld einzeichnen. 2 Zahlen im Hunderterfeld ablesen. Zahlen in Zehner und Einer zerlegen. 3 Zahlwörter lesen und Zahlen notieren. 4 Zahlwörter lesen und Zahlen in die Stellenwerttafel eintragen.



→ Schülerbuch, Seite 15

# Zahlen darstellen: Geheimschrift

○ **1** Schreibe die Zahlen in die Stellenwerttafel.

a)

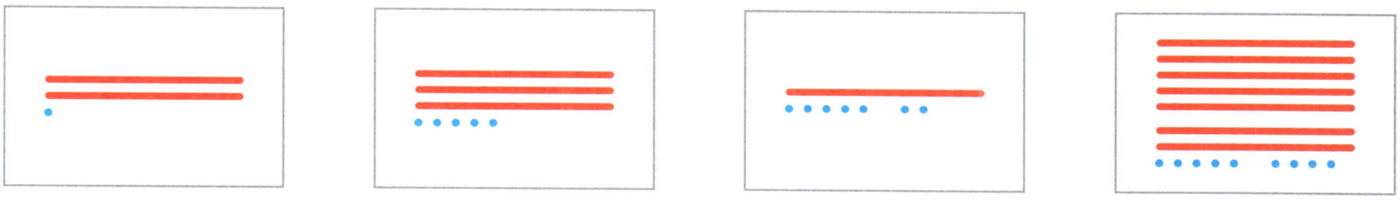

| Z | E |
|---|---|
| 2 | 1 |

| Z | E |
|---|---|
| | |

| Z | E |
|---|---|
| | |

| Z | E |
|---|---|
| | |

b)

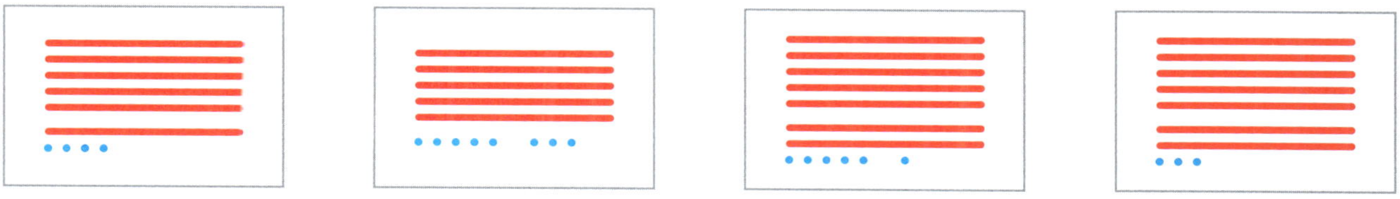

| Z | E |
|---|---|
| | |

| Z | E |
|---|---|
| | |

| Z | E |
|---|---|
| | |

| Z | E |
|---|---|
| | |

○ **2** Schreibe die Zahlen in Geheimschrift.

| Z | E |
|---|---|
| 2 | 3 |

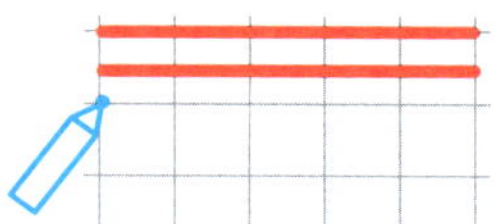

| Z | E |
|---|---|
| 3 | 2 |

| Z | E |
|---|---|
| | 8 |

| Z | E |
|---|---|
| 4 | 0 |

○ **3** Schreibe die Zahlen in Geheimschrift.

96

71

85

99

60

58

1 Geheimschrift in Ziffernschreibweise übertragen und Zahlen in die Stellenwerttafel schreiben. **2, 3** Die vorgegebenen Zahlen in Geheimschrift schreiben: Ein Zehnerstrich ist fünf Kästchen lang. Analog den Punkten im Hunderterfeld nach je 5 Einerpunkten bzw. Zehnerlinien eine Lücke lassen.



→ Schülerbuch, Seite 16

# Zahlen darstellen: Steckbriefe

○ **1** Ergänze die Steckbriefe.

**25**

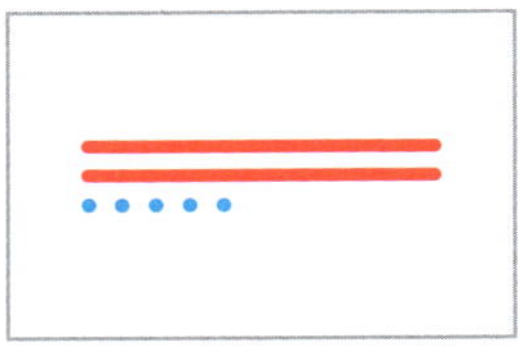

| Z | E |
|---|---|
| | |

___ = ___ + ___

fünfundzwanzig

**___**

| Z | E |
|---|---|
| 1 | 7 |

___ = ___ + ___

___

**___**

| Z | E |
|---|---|
| | |

___ = 70 + 3

___

○ **2** Was gehört zusammen? Male in der passenden Farbe aus.

13 = 10 + 3

| Z | E |
|---|---|
| 5 | 5 |

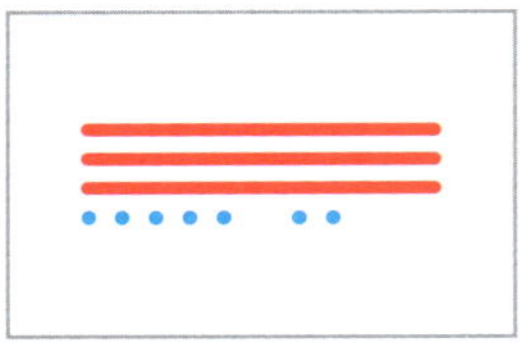

dreizehn

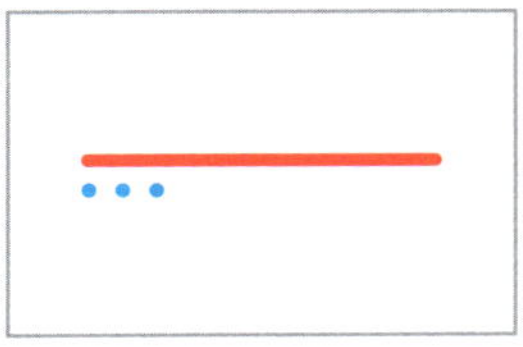

einundsiebzig

55 = 50 + 5

| Z | E |
|---|---|
| 7 | 1 |

71 = 70 + 1

fünfundfünfzig

| Z | E |
|---|---|
| 3 | 7 |

siebenunddreißig

37 = 30 + 7

| Z | E |
|---|---|
| 1 | 3 |

1 Fehlende Zahldarstellungen in den Zahlensteckbriefen ergänzen. 2 Zusammengehörige Karten in der Farbe des jeweils passenden Farbeimers ausmalen.



→ Schülerbuch, Seite 17

# Die Hundertertafel

○ **1** a) Trage alle Zehnerzahlen ein.

b) Trage alle Zahlen ein, die 5 Einer haben.

c) Trage alle Zahlen in der 9. Spalte ein.

d) Trage alle Zahlen in der 4. Zeile ein.

e) Trage ein: einundfünfzig, achtundneunzig, zwölf

f) Trage alle Zahlen zwischen 81 und 89 ein.

| | | | | | | | | | |
|---|---|---|---|---|---|---|---|---|---|
| 1 | | | | | | | | | 10 |
| | | | | | | | | | |
| | | | | | | | | | |
| | | | | | | | | | |
| | | | | | | | | | |
| | | | | | | | | | |
| | | | | | | | | | |
| | | | | | | | | | |
| | | | | | | | | | |
| | | | | | | | | | |

g) Schreibe die Zahlen auf:

1. Zeile: 1, ______________________

10. Zeile: ______________________

4. Spalte: ______________________

8. Spalte: ______________________

○ **2** Schreibe die verdeckten Zahlen auf.

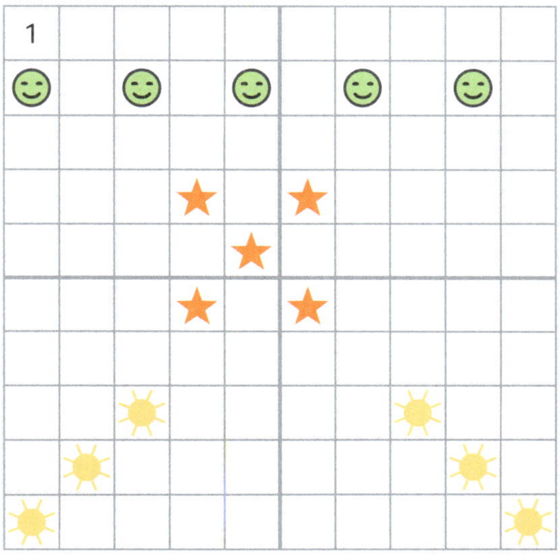


☺ 11, ______________________

★ ______________________

☀ ______________________

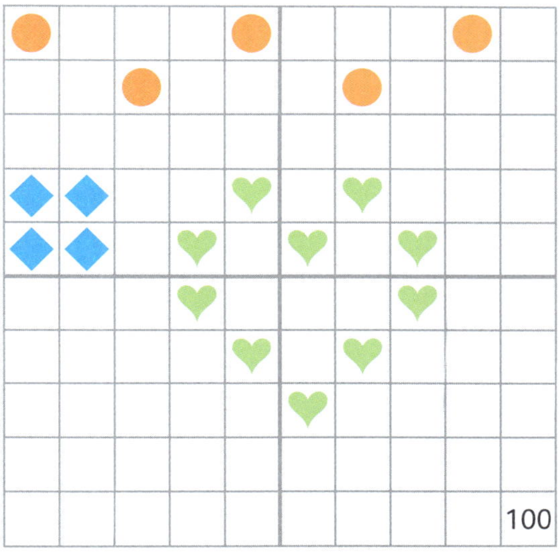


● ______________________

◆ ______________________

♥ ______________________

1 Die angegebenen Zahlen in die Hundertertafel eintragen. g) Jeweils alle 10 Zahlen der Zeile bzw. Spalte notieren. 2 Die verdeckten Zahlen notieren.



→ Schülerbuch, Seite 18

# Die Hundertertafel

○ **1** Welche Zahlen fehlen in den gelben Feldern?

a)

| | | |
|---|---|---|
| | 4 | |
| 13 | 14 | 15 |
| | 24 | |

b)

| | | |
|---|---|---|
| | | |
| | 23 | |
| | | |

c)

| | | |
|---|---|---|
| | | |
| | 46 | |
| | | |

d)

| | | |
|---|---|---|
| | | |
| | 67 | |
| | | |

e)

| | | |
|---|---|---|
| | | |
| | 35 | |
| | | |

f)

| | | |
|---|---|---|
| | | |
| | 72 | |
| | | |

g)

| | | |
|---|---|---|
| | | |
| | 89 | |
| | | |

h)

| | | |
|---|---|---|
| | | |
| | 54 | |
| | | |

○ **2** Springe vom grünen zum gelben Feld. Zeichne deinen Weg ein.
Auf welcher Zahl landest du?

a)

| | | |
|---|---|---|
| | | |
| 24 → | → | 26 |
| | | |

b)

| | | |
|---|---|---|
| | | |
| 36 | | |
| | | |

c)

| | | |
|---|---|---|
| | | |
| | | |
| | 49 | |

d)

| | | |
|---|---|---|
| | | |
| 21 | | |
| | | |

e)

| | | |
|---|---|---|
| | | |
| 65 | | |
| | | |

f)

| | | |
|---|---|---|
| | 37 | |
| | | |
| | | |

g)

| | | |
|---|---|---|
| | | |
| | | 30 |
| | | |

h)

| | | |
|---|---|---|
| | | |
| | | 43 |
| | | |

i)

| | | |
|---|---|---|
| | | |
| | | |
| 98 | | |

◒ **3** Springe von der Startzahl …

a) 23 4 Felder nach rechts. 27

b) 15 4 Felder nach unten.

c) 89 6 Felder nach oben.

d) 58 7 Felder nach links.

e) 38 2 Felder nach rechts und 3 Felder nach oben.

f) 38 3 Felder nach links und 4 Felder nach unten.

g) 47 4 Felder nach oben und 6 Felder nach links.

h) 11 9 Felder nach rechts und 8 Felder nach unten.



1 Fehlende Zahlen in den gelben Feldern eintragen. Bei Bedarf Hundertertafel als Hilfe benutzen. 2 Sprünge zur Zielzahl mit Pfeilen eintragen und Zielzahl notieren. 3 Zielzahlen eintragen, Wege ggf. auf der Hundertertafel nachvollziehen.

→ Schülerbuch, Seite 19

# Der Zahlenstrahl

○ **1** Verbinde. Trage die fehlenden Zahlen ein.

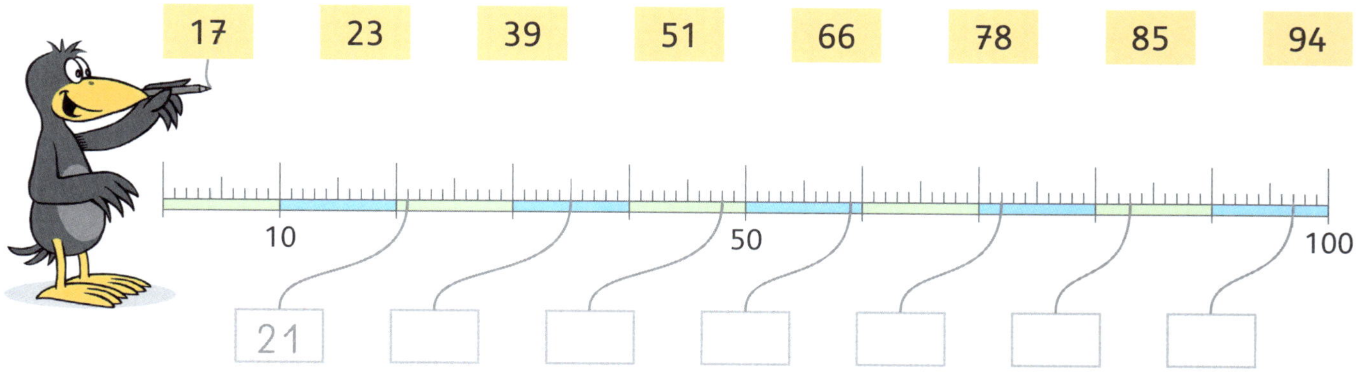


○ **2**

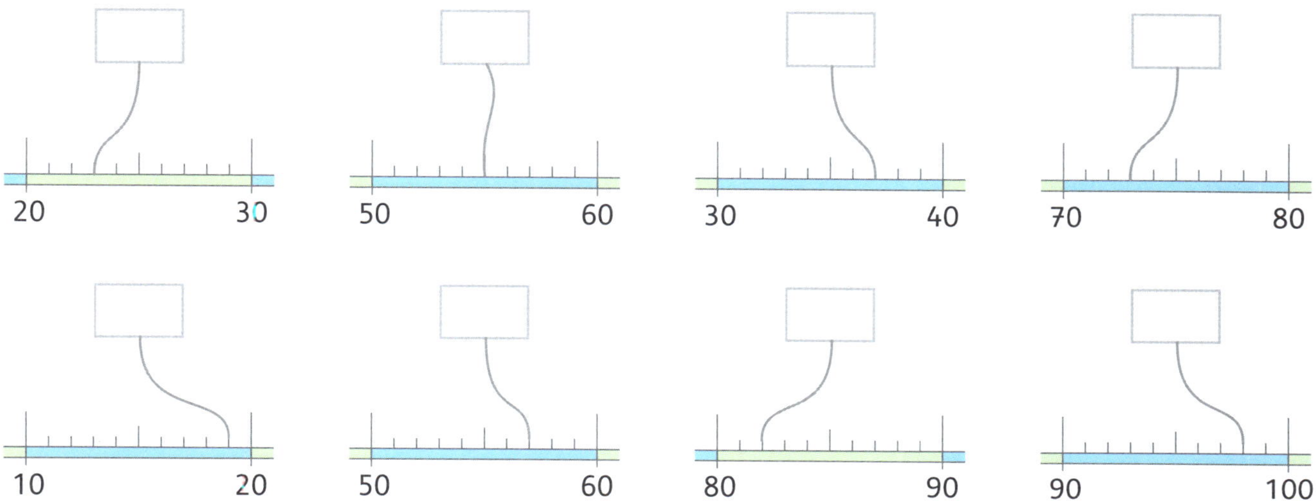


○ **3** Zähle in Zehnerschritten und schreibe auf.

**vorwärts**

12, 22, ______________________

28, 38, ______________________

**rückwärts**

94, 84, ______________________

71, 61, ______________________

Zähle in Fünferschritten und schreibe auf.

**vorwärts**

64, 69, 74, ______________________

**rückwärts**

47, 42, 37, ______________________

◒ **4** Ordne diese Zahlen zu: 14, 50, 27, 96, 33, 45, 80, 68

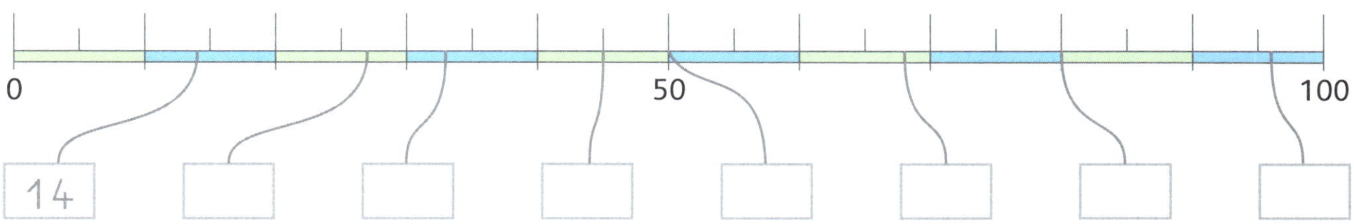


1 Vorgegebene Zahlen mit dem Zahlenstrahl verbinden. Fehlende Zahlen am Zahlenstrahl eintragen. 2 Jeweils die fehlende Zahl am Ausschnitt des Zahlenstrahls eintragen. 3 In Zehner- und Fünferschritten vorwärts und rückwärts zählen. Zahlen notieren. 4 Zahlen der Größe nach ordnen und am Zahlenstrahl eintragen.



→ Schülerbuch, Seite 20

# Der Zahlenstrahl

○ **1** a) Notiere Vorgänger (V) und Nachfolger (N).

| V | Z | N |
|---|---|---|
| 24 | 25 | 26 |
| | 38 | |
| | 57 | |
| | 74 | |
| | 92 | |

| V | Z | N |
|---|---|---|
| 45 | | |
| | | 71 |
| 60 | | |
| | | 89 |
| 39 | | |

b) Notiere die Nachbarzehner (NZ).

| NZ | Z | NZ |
|---|---|---|
| 50 | 53 | 60 |
| | 35 | |
| | 16 | |
| | | 90 |
| 20 | | |

○ **2** <, > oder =?

a) 25 (<) 26
38 ◯ 39
55 ◯ 54
12 ◯ 10

b) 12 ◯ 100
43 ◯ 34
16 ◯ 61
89 ◯ 89

c) 61 ◯ 63
56 ◯ 52
34 ◯ 34
100 ◯ 87

d) 77 ◯ 77
99 ◯ 100
68 ◯ 0
9 ◯ 99

○ **3** Ordne der Größe nach.

a) Beginne mit der kleinsten Zahl.

82 ~~14~~ 36 27 74

14, ____________________

46 98 71 5 89

____________________

b) Beginne mit der größten Zahl.

75 78 76 87 73

____________________

67 65 35 43 13

____________________

○ **4** Verbinde die Zahlen von 1 bis 60 in der richtigen Reihenfolge.

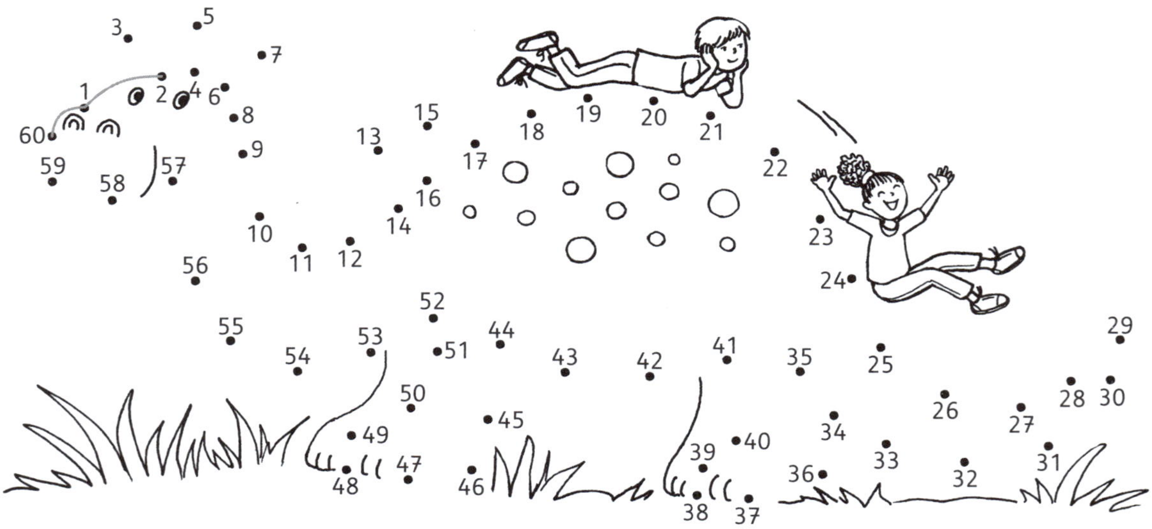




1 Vorgänger, Nachfolger, Nachbarzehner und gesuchte Zahlen eintragen. Erkennen, dass bei gegebenem Nachbarzehner verschiedene Lösungen möglich sind. 2 Zahlen miteinander vergleichen und die Relationszeichen <, >, = einsetzen. 3 Zahlen der Größe nach ordnen und notieren. 4 Die Zahlen von 1 bis 60 in der richtigen Reihenfolge miteinander verbinden.

→ Schülerbuch, Seite 21

## Figuren legen

○ **1** Lege die Figuren aus. Finde unterschiedliche Möglichkeiten. Notiere.

| | |
|---|---|
| □ | 1 |
| △ | 2 |
| △ (klein) | |
| gesamt | |

| | |
|---|---|
| □ | |
| △ | |
| △ (klein) | |
| gesamt | |

| | |
|---|---|
| □ | |
| △ | |
| △ (klein) | |
| gesamt | |

| | |
|---|---|
| □ | |
| △ | |
| △ (klein) | |
| gesamt | |

○ **2**

| | |
|---|---|
| □ | |
| △ | |
| △ (klein) | |
| gesamt | |

| | |
|---|---|
| □ | |
| △ | |
| △ (klein) | |
| gesamt | |

| | |
|---|---|
| □ | |
| △ | |
| △ (klein) | |
| gesamt | |

| | |
|---|---|
| □ | |
| △ | |
| △ (klein) | |
| gesamt | |

◒ **3**

| | |
|---|---|
| □ | |
| △ | |
| △ (klein) | |
| gesamt | |

| | |
|---|---|
| □ | |
| △ | |
| △ (klein) | |
| gesamt | |

| | |
|---|---|
| □ | |
| △ | |
| △ (klein) | |
| gesamt | |

| | |
|---|---|
| □ | |
| △ | |
| △ (klein) | |
| gesamt | |

1–3 Die Figuren mit Geoplättchen auslegen und die Anzahl der gelegten Formen jeweils in einer Tabelle notieren. Es gibt für jede Figur unterschiedliche Möglichkeiten.



→ Schülerbuch, Seiten 22/23

# Muster zeichnen

○ **1** Gestalte Muster.

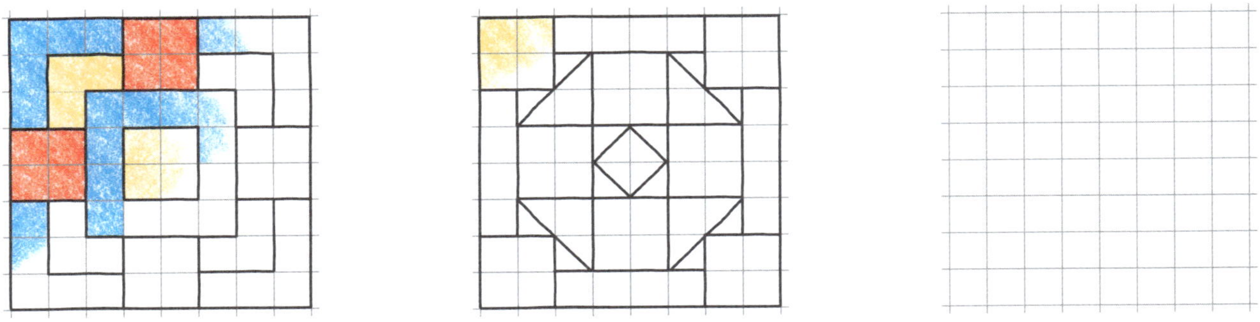

○ **2** Gestalte Bandmuster.

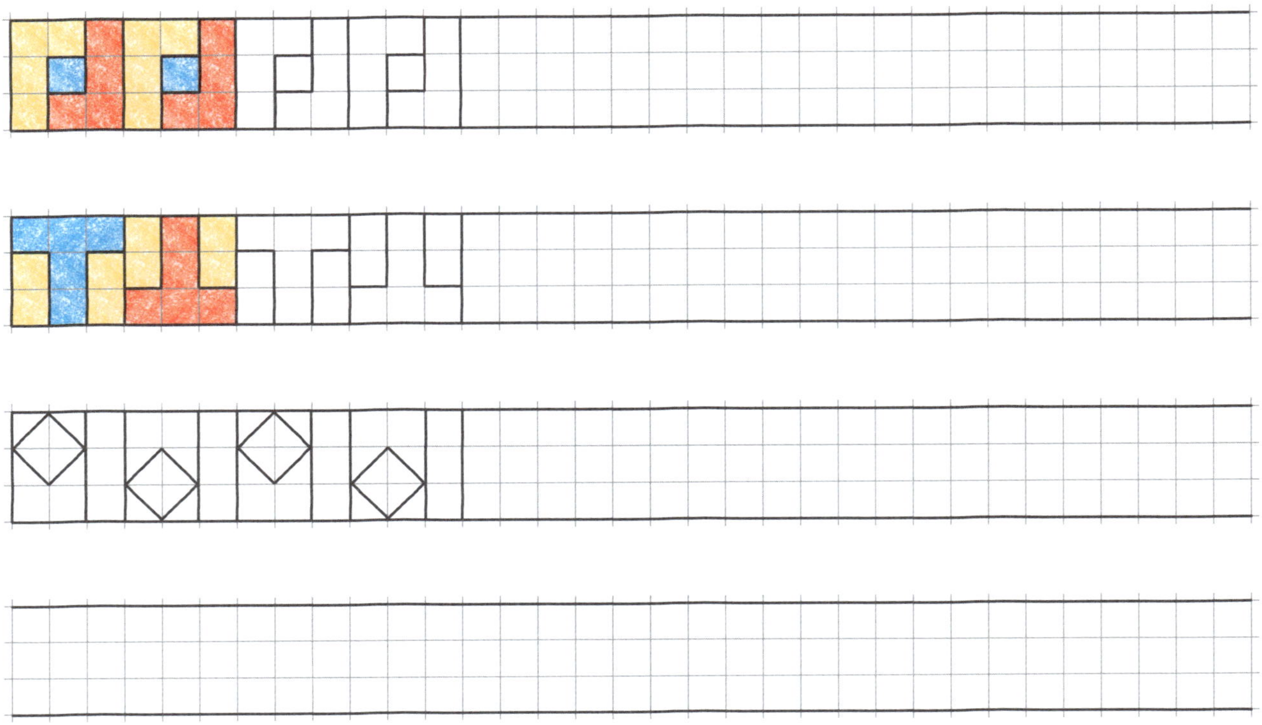

◒ **3** Setze fort und färbe.

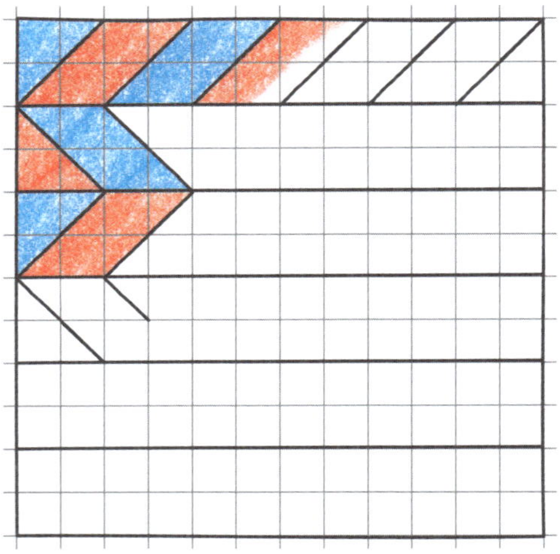

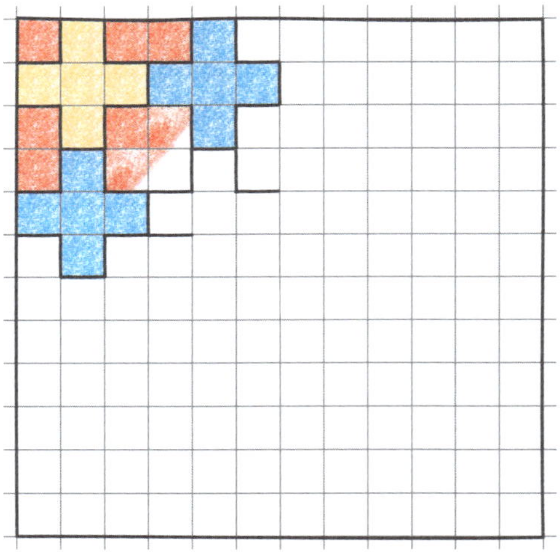



**1–3** Muster erkennen, regelmäßig fortsetzen und färben. Hier sind individuelle Lösungen möglich. **1, 2** Eigene Muster gestalten.

→ Schülerbuch, Seite 25

# Wiederholung

○ **1**

| 61 | ___ | ___ |
|---|---|---|
| 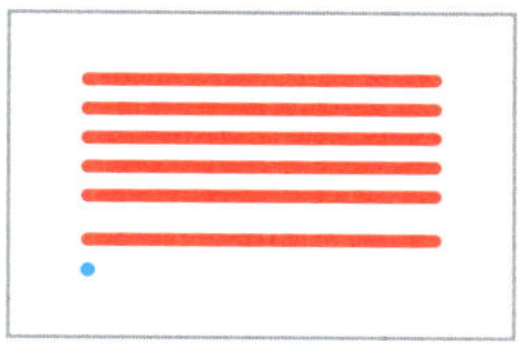 | | |
| Z \| E | Z \| E | Z \| E: 2 \| 2 |
| ___ = ___ + ___ | ___ = 40 + 8 | ___ = ___ + ___ |
| ___ | achtundvierzig | ___ |

○ **2** Verbinde. Trage die fehlenden Zahlen ein.

18 25 32 47 50 63 89 98

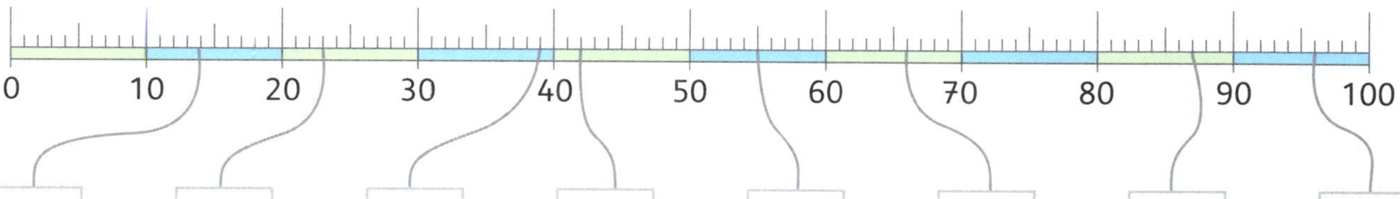


| 14 | | | | | | | |
|---|---|---|---|---|---|---|---|

○ **3** Wie spät ist es? Schreibe jeweils beide Uhrzeiten auf.

| 3 Uhr | | | |
|---|---|---|---|
|  |  |  |  |
| Uhr | | | |

○ **4** a)

| V | Z | N |
|---|---|---|
| 92 | 93 | 94 |
| | 56 | |
| | 77 | |

b)

| V | Z | N |
|---|---|---|
| | 74 | |
| | 49 | |
| | 13 | |

c)

| NZ | Z | NZ |
|---|---|---|
| | 99 | |
| | 4 | |
| | 58 | |

1 Zahldarstellungen in den Zahlensteckbriefen ergänzen. 2 Zahlen mit dem Zahlenstrahl verbinden. Fehlende Zahlen eintragen. 3 Jeweils beide Uhrzeiten notieren. 4 Vorgänger, Nachfolger und Nachbarzehner eintragen.
Selbst einschätzen, wie erfolgreich die Seite bearbeitet wurde, und entsprechenden Raben ankreuzen.



→ Schülerbuch, Seiten 26/27

# Knobeln mit Formen

○ 1 Knack den Tresor.

Es gibt 4 Formen:

In jeder Reihe, in jeder Spalte und in jedem 2 x 2 Quadrat liegt jede Form genau einmal.

◒ 2

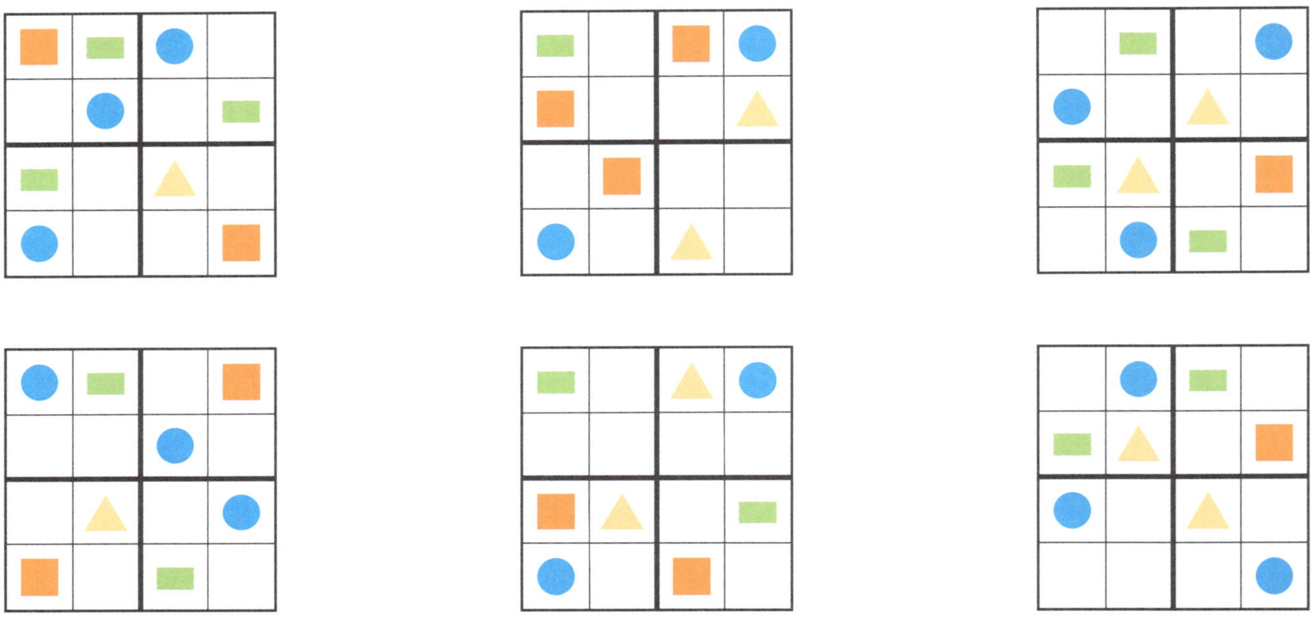

● 3

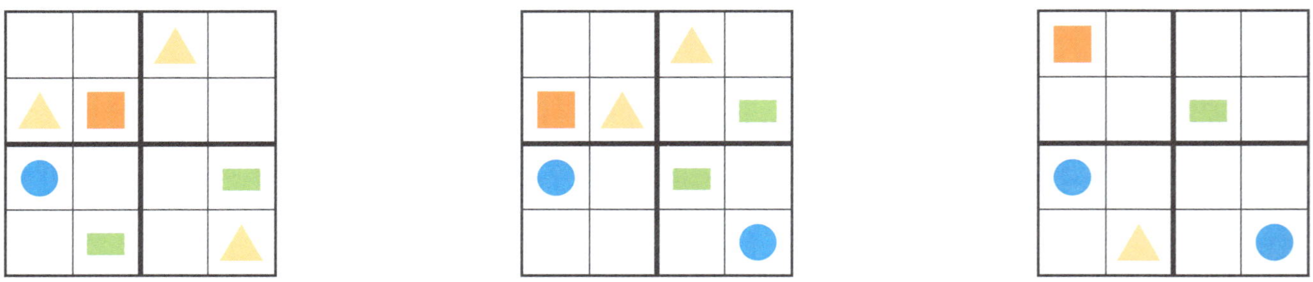



1 – 3 In den 4 x 4 Rastern die fehlenden Formen so ergänzen, dass in jeder Reihe, jeder Spalte und in jedem 2 x 2 Quadrat jede Form genau einmal vorkommt.

→ Schülerbuch, Seite 29

# Plusaufgaben ohne Zehnerübergang

○ **1** a) Ordne die Aufgaben einer passenden kleinen Aufgabe zu.
b) Ergänze jeweils eine eigene Aufgabe.

| 23 + 4 | 84 + 5 | 77 + 2 | 57 + 2 | 83 + 4 | 37 + 2 | 24 + 5 | 64 + 5 | 93 + 4 |
|---|---|---|---|---|---|---|---|---|

3 + 4 = 7

4 + 5 = ____

7 + 2 = ____

23 + 4 = 27

○ **2** Ergänze bis zum nächsten Zehner.

a) 32 68 29
71 43 85

b) 48 35 74
26 12 41

c) 53 86 7
15 56 82

32 + 8 = 40
68 +

◒ **3**

| | | |
|---|---|---|
| 24 + 2 + 3 = ____ | 86 + 4 + 0 = ____ | 92 + 6 + 1 = ____ |
| 34 + 2 + 3 = ____ | 85 + 4 + 1 = ____ | 82 + 6 + 1 = ____ |
| 44 + 2 + 3 = ____ | 84 + 4 + 2 = ____ | 72 + 5 + 2 = ____ |
| 54 + 2 + 3 = ____ | 83 + 4 + 3 = ____ | 62 + 5 + 2 = ____ |
| ___ + ___ + ___ = ____ | ___ + ___ + ___ = ____ | ___ + 4 + 3 = ____ |
| ___ + ___ + ___ = ____ | ___ + ___ + ___ = ____ | ___ + ___ + ___ = ____ |
| ___ + ___ + ___ = ____ | ___ + ___ + ___ = ____ | ___ + ___ + ___ = ____ |

1 Aufgabenkarten der passenden kleinen Aufgabe zuordnen. Additionsaufgaben lösen und für jede kleine Aufgabe eine eigene große Aufgabe finden. 2 Zahlen bis zum nächsten Zehner ergänzen. 3 Aufgabenrollen bearbeiten. Arithmetische Muster entdecken und fortführen.



→ Schülerbuch, Seite 30

# Minusaufgaben ohne Zehnerübergang

○ **1** a) Ordne die Aufgaben einer passenden kleinen Aufgabe zu.
b) Ergänze jeweils eine eigene Aufgabe.

| 79 − 5 | 37 − 3 | 98 − 6 | 87 − 3 | 39 − 5 | 78 − 6 | 38 − 6 | 89 − 5 | 47 − 3 |
|---|---|---|---|---|---|---|---|---|

9 − 5 = 4

79 − 5 = 74

8 − 6 = ____

7 − 3 = ____

○ **2** Nimm vom vollen Zehner weg.

a) Immer − 5

| 50 | 80 | 70 |
|---|---|---|
| 30 | 40 | 90 |

50 − 5 = 45

80 −

b) Immer − 8

| 40 | 20 | 60 |
|---|---|---|
| 50 | 10 | 80 |

c) Immer − 7

| 80 | 30 | 60 |
|---|---|---|
| 20 | 90 | 70 |

◒ **3**

19 − 5 − 4 = ____
29 − 5 − 4 = ____
39 − 5 − 4 = ____
49 − 5 − 4 = ____
__ − __ − __ = ____
__ − __ − __ = ____
__ − __ − __ = ____

80 − 7 − 3 = ____
79 − 6 − 3 = ____
78 − 5 − 3 = ____
77 − 4 − 3 = ____
__ − __ − __ = ____
__ − __ − __ = ____
__ − __ − __ = ____

19 − 7 − 2 = ____
28 − 6 − 2 = ____
37 − 5 − 2 = ____
46 − 4 − 2 = ____
__ − __ − __ = ____
__ − __ − __ = ____
__ − __ − __ = ____



1 Aufgabenkarten der passenden kleinen Aufgabe zuordnen. Subtraktionsaufgaben lösen und für jede Aufgabe eine eigene große Aufgabe finden. 2 Vom vollen Zehner abziehen. 3 Aufgabenrollen bearbeiten. Arithmetische Muster entdecken und fortführen.

→ Schülerbuch, Seite 31

# Plusaufgaben mit Zehnerübergang

**○ 1** Wie rechnest du? Notiere.

a) 26 + 9 | 37 + 8 | 79 + 5 | 65 + 7

b) 48 + 4 | 56 + 6 | 83 + 9 | 72 + 9

**○ 2** Finde Rechenfehler und korrigiere sie.

a)
- 36 + 5 = ~~42~~ 41
- 63 + 8 = 71 ✓
- 78 + 4 = 82
- 24 + 7 = 32
- 59 + 6 = 64

b)
- 29 + 4 = 33
- 47 + 8 = 45
- 52 + 9 = 61
- 21 + 2 = 32
- 74 + 9 = 65

c)
- 17 + 5 = 67
- 33 + 7 = 40
- 73 + 3 = 86
- 85 + 6 = 91
- 64 + 9 = 73

**◒ 3**

a) Meine Zahl ist um 7 größer als 88.

b) Meine Zahl ist um 8 größer als 67.

c) Rechne zur 67 erst 5 und dann 6 dazu. Das ist meine Zahl.

● d) Meine Zahl ist um 4 größer als der Vorgänger von 80.

e) Die Hälfte meiner Zahl ist der Nachfolger von 49.

f) Der Nachfolger der 37 ist um 5 kleiner als meine Zahl.

1 Rechenwege individuell anwenden und notieren. 2 Rechenfehler finden und falsche Aufgaben richtig notieren. 3 Zahlenrätsel lösen. Die eingeführten Rechenstrategien flexibel anwenden.



→ Schülerbuch, Seite 32

# Minusaufgaben mit Zehnerübergang

○ **1** Wie rechnest du? Notiere.

a) 54 – 6   21 – 3   96 – 7   65 – 8

b) 72 – 5   47 – 9   83 – 6   32 – 4

○ **2** Finde Rechenfehler und korrigiere sie.

| a) | | b) | | c) | |
|---|---|---|---|---|---|
| 52 – 7 = ~~55~~ | 45 | 23 – 6 = 26 | | 22 – 6 = 16 | |
| 73 – 4 = 69 | ✓ | 57 – 8 = 48 | | 87 – 8 = 97 | |
| 86 – 9 = 78 | | 42 – 4 = 38 | | 69 – 5 = 65 | |
| 41 – 6 = 32 | | 77 – 9 = 72 | | 94 – 7 = 87 | |
| 38 – 5 = 33 | | 62 – 3 = 59 | | 23 – 9 = 24 | |

◒ **3**

a) Meine Zahl ist um 8 kleiner als 66.

b) Meine Zahl ist um 9 kleiner als 87.

c) Ziehe von 88 erst 6 und dann 8 ab, so erhältst du meine Zahl.

● d) Meine Zahl ist um 6 kleiner als der Vorgänger von 76.

e) Das Doppelte meiner Zahl ist der Nachfolger von 79.

f) Der Vorgänger der 56 ist um 8 kleiner als meine Zahl.

1 Rechenwege individuell anwenden und notieren. 2 Rechenfehler finden und falsche Aufgaben richtig notieren.
3 Zahlenrätsel lösen. Die eingeführten Rechenstrategien flexibel anwenden.



→ Schülerbuch, Seite 33

# Gleichungen und Ungleichungen

○ **1** <, > oder =?

| a) | b) | c) | d) |
|---|---|---|---|
| 36 + 5 ◯ 43 | 52 ◯ 47 + 7 | 32 – 4 ◯ 28 | 27 ◯ 43 – 6 |
| 67 + 6 ◯ 73 | 83 ◯ 74 + 6 | 53 – 5 ◯ 49 | 69 ◯ 64 – 5 |
| 57 + 7 ◯ 60 | 42 ◯ 36 + 5 | 43 – 6 ◯ 35 | 7 ◯ 21 – 4 |
| 83 + 8 ◯ 92 | 73 ◯ 69 + 4 | 61 – 7 ◯ 55 | 49 ◯ 42 – 3 |
| 24 + 9 ◯ 31 | 91 ◯ 89 + 3 | 92 – 8 ◯ 84 | 68 ◯ 70 – 2 |

○ **2** Löse die Gleichungen.

| a) | b) | c) | d) |
|---|---|---|---|
| 38 + ____ = 43 | 77 + ____ = 81 | 21 – ____ = 14 | 91 – ____ = 89 |
| 59 + ____ = 62 | 18 + ____ = 26 | 52 – ____ = 47 | 43 – ____ = 37 |
| 27 + ____ = 34 | 85 + ____ = 91 | 32 – ____ = 23 | 82 – ____ = 78 |
| 88 + ____ = 91 | 28 + ____ = 34 | 93 – ____ = 88 | 23 – ____ = 19 |
| 45 + ____ = 52 | 66 + ____ = 74 | 61 – ____ = 52 | 75 – ____ = 69 |
| 3 3 5 5 7 7 | 4 4 6 6 8 8 | 5 5 7 7 9 9 | 2 2 4 4 6 6 |

○ **3**

53 + 2 | 34 + 9 | 64 – 8 | 48 + 8 | 49 + 8

50 + 7 | 58 – 3 | 49 + 7

48 + 9 | 63 – 9 | 42 + 6

60 – 4

66 – 9 | 62 – 6 | 62 – 4 | 65 – 7 | 60 – 7

◒ **4** Löse die Ungleichungen. Finde alle Möglichkeiten.

a) 54 + ____ < 58

5 4 + 0 < 5 8
5 4 + 1 < 5 8
5 4 +

b) 72 – ____ > 69

c) 94 – ____ < 3

1, 2 Fehlende Relationszeichen bzw. Zahlen ergänzen. 3 Aufgaben lösen und Ergebnisse mit der Zahl 56 vergleichen.
4 Fehlende Zahlen so ergänzen, dass die Ungleichungen erfüllt werden. Es gibt immer mehrere Möglichkeiten.



→ Schülerbuch, Seite 34

# Plus und Minus mit Zehnerzahlen

○ **1** Schreibe die Plus- und Minusaufgaben und löse.

a)

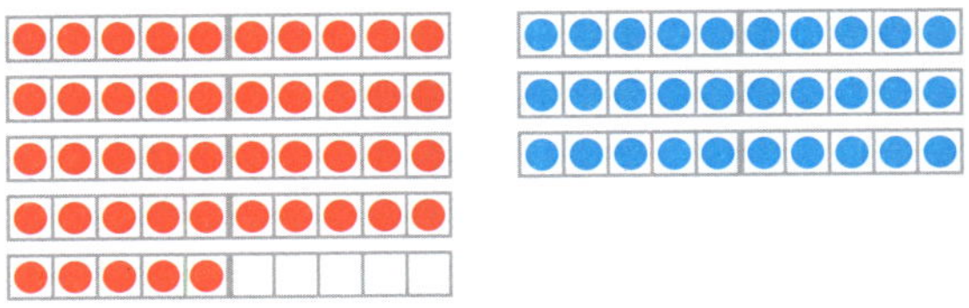

45 + 30 = ____

b)

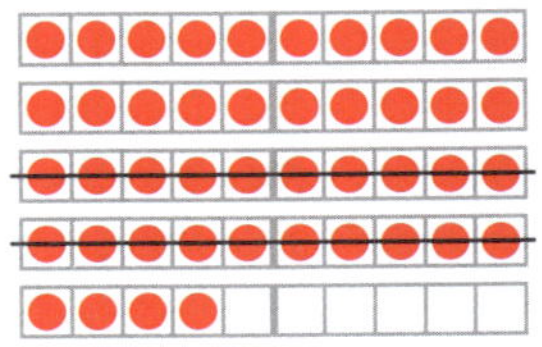

44 − ____ = ____

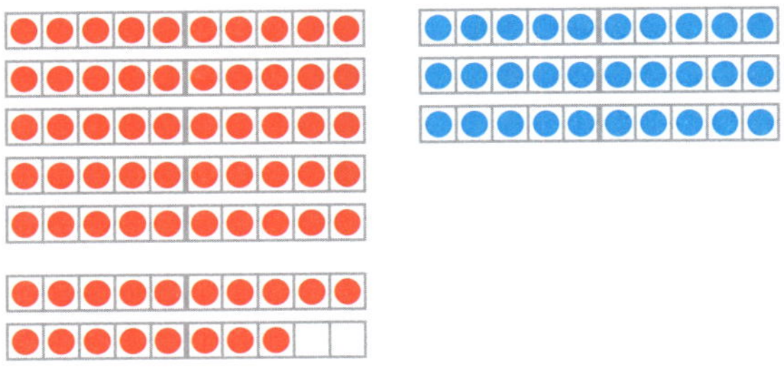

____ + ____ = ____

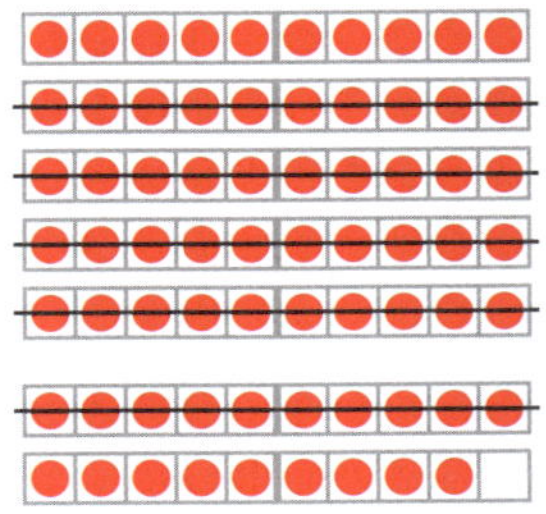

____ − ____ = ____

○ **2** Rechne und kontrolliere. Eine Zahl bleibt jeweils übrig.

| a) | b) | c) | d) |
|---|---|---|---|
| 37 + 30 = ____ | 10 + 44 = ____ | 45 − 20 = ____ | 59 − 20 = ____ |
| 27 + 20 = ____ | 40 + 24 = ____ | 65 − 50 = ____ | 79 − 30 = ____ |
| 47 + 10 = ____ | 20 + 34 = ____ | 85 − 50 = ____ | 99 − 50 = ____ |
| 27 + 30 = ____ | 50 + 24 = ____ | 75 − 60 = ____ | 89 − 60 = ____ |
| 17 + 30 = ____ | 30 + 44 = ____ | 35 − 10 = ____ | 69 − 30 = ____ |
| 47 47 57 | 54 54 64 | 15 15 25 | 29 29 39 |
| 57 67 67 | 64 74 74 | 25 35 35 | 39 49 49 |

○ **3**

| | | | |
|---|---|---|---|
| 15 + 50 + 30 = ____ | 79 − 10 − 30 = ____ | 23 + 5 + 60 = ____ | 63 − 5 − 30 = ____ |
| 26 + 40 + 20 = ____ | 64 − 40 − 10 = ____ | 68 − 7 − 20 = ____ | 24 + 9 + 50 = ____ |
| 37 + 10 + 20 = ____ | 89 − 20 − 20 = ____ | 33 + 6 + 40 = ____ | 84 − 6 − 40 = ____ |
| 46 + 30 + 10 = ____ | 96 − 50 − 30 = ____ | 98 − 7 − 30 = ____ | 42 + 7 + 30 = ____ |
| 57 + 20 + 10 = ____ | 66 − 10 − 20 = ____ | 67 + 3 + 20 = ____ | 72 − 5 − 60 = ____ |
| 67 86 86 | 14 15 16 | 41 61 79 | 7 28 38 |
| 87 89 95 | 36 39 49 | 88 90 95 | 53 79 83 |

● **4** Finde eigene Zahlenmauern.

| | | | |
|---|---|---|---|
| Spitze: 85 | Spitze: 63 | Spitze: 90 | Spitze: 70 |
| Mitte: ___ ___ | Mitte: ___ ___ | Mitte: ___ ___ | Mitte: ___ ___ |
| Unten: ___ ___ 5 | Unten: 3 ___ ___ | Unten: ___ ___ ___ | Unten: ___ ___ ___ |



1–3 Additions- und Subtraktionsaufgaben mit Zehnerzahlen üben. 4 Eigene Zahlenmauern finden. Es sind individuelle Lösungen möglich.

→ Schülerbuch, Seite 36

# Rabomaten

**1** Finde die fehlenden Zahlen.

a)

| | |
|---|---|
| 20 + 37 | |
| + + | + |
| 10 + 30 | |
| + | 97 |

b)

| | |
|---|---|
| 20 + 40 | |
| + + | + |
| 20 + 18 | |
| + | 98 |

c)

| | |
|---|---|
| 24 + 20 | |
| + | + |
| 10 + 30 | |
| + | 84 |

d)

| | |
|---|---|
| 3 + 7 | |
| + + | + |
| 5 + 48 | |
| + | 63 |

e)

| | |
|---|---|
| 33 + 5 | |
| + + | + |
| 7 + 2 | |
| + | 47 |

f)

| | |
|---|---|
| 57 + 6 | |
| + + | + |
| 5 + 2 | |
| + | 70 |

g)

| | |
|---|---|
| 5 + 79 | |
| + + | + |
| 3 + 4 | |
| + | 91 |

h)

| | |
|---|---|
| 4 + 36 | |
| + + | + |
| 26 + 8 | |
| + | 74 |

i)

| | |
|---|---|
| 7 + 63 | |
| + + | + |
| 13 + 9 | |
| + | 92 |

**2** Finde die fehlenden Zahlen.

a)

| | |
|---|---|
| 4 + 2 | |
| + + | + |
| + 2 | |
| + | 56 |

b)

| | |
|---|---|
| 52 + 6 | |
| + + | + |
| + 3 | |
| + | 66 |

c)

| | |
|---|---|
| + 7 | |
| + + | + |
| 5 + 65 | |
| + | 79 |

d)

| | |
|---|---|
| 17 + | 25 |
| + + | + |
| 9 + 1 | |
| + | |

e)

| | |
|---|---|
| + | |
| + + | + |
| + 10 | 50 |
| 52 + 40 | |

f)

| | |
|---|---|
| 32 + 3 | |
| + + | + |
| 7 + | 9 |
| + | |

**3** Finde 3 unterschiedliche Lösungen.

| | |
|---|---|
| + | 19 |
| + + | + |
| + | 5 |
| 17 + 7 | |

| | |
|---|---|
| + | 19 |
| + + | + |
| + | 5 |
| 17 + 7 | |

| | |
|---|---|
| + | 19 |
| + + | + |
| + | 5 |
| 17 + 7 | |

1, 2 Rabomaten lösen. Dafür dreimal waagerecht und dreimal senkrecht addieren. Die Zahl im blauen Feld als Kontrollzahl nutzen. 3 Drei unterschiedliche Lösungsmöglichkeiten für einen Rabomaten finden.

6



→ Schülerbuch, Seite 37

# Plusaufgaben ohne Zehnerübergang

○ **1** Schreibe Plusaufgaben und löse.

a) 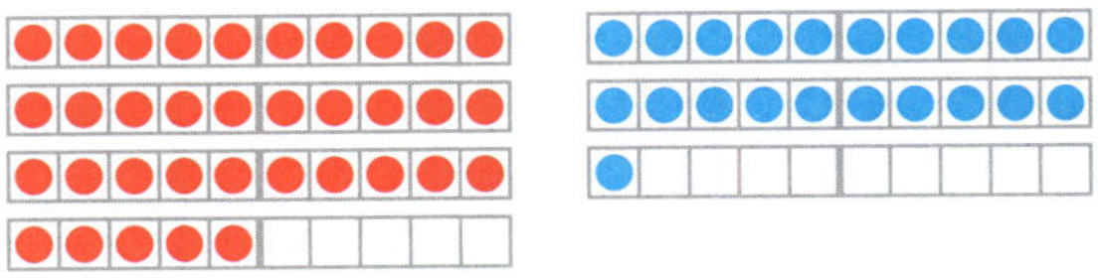

35 + 21 = ____

b) 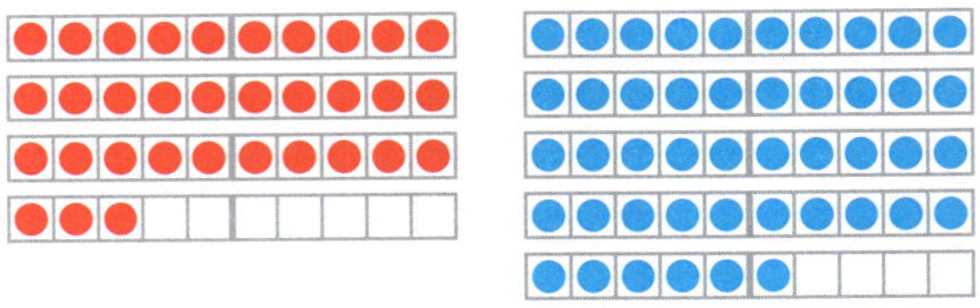

____ + ____ = ____

c) 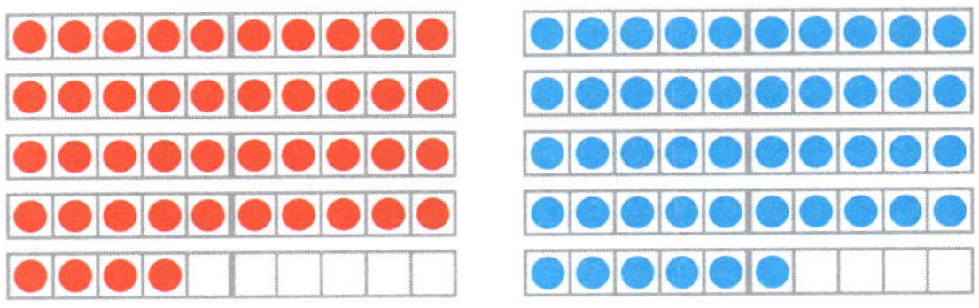

____ + ____ = ____

d) 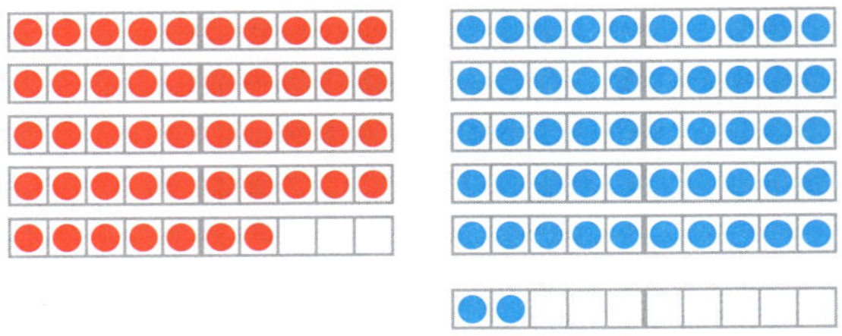

____ + ____ = ____

○ **2** Wie rechnest du? Notiere.

a) 23 + 34

23 + 34 =

b) 56 + 32

c) 18 + 61

d) 12 + 37

e) 48 + 22

f) 15 + 74

○ **3**

a)
13 + 32 = ____
14 + 25 = ____
12 + 43 = ____
16 + 62 = ____
51 + 26 = ____

39 45 55
77 78 87

b)
23 + 25 = ____
18 + 61 = ____
42 + 36 = ____
35 + 33 = ____
71 + 19 = ____

48 51 68
78 79 90

c)
45 + 0 + 54 = ____
46 + 11 + 32 = ____
23 + 12 + 44 = ____
17 + 10 + 61 = ____
2 + 31 + 26 = ____

59 68 79
88 89 99



1 Additionsaufgaben lösen. 2 Rechenwege individuell anwenden und notieren. 3 Additionsaufgaben lösen.

→ Schülerbuch, Seite 38

# Minusaufgaben ohne Zehnerübergang

○ **1** Schreibe Minusaufgaben und löse.

a) 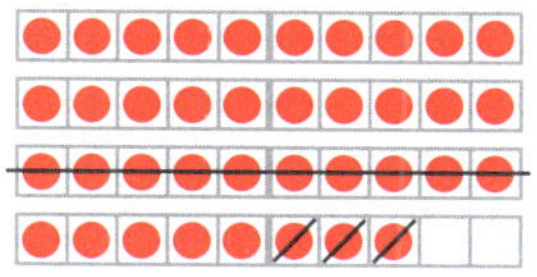

38 – 13 = ______

b) 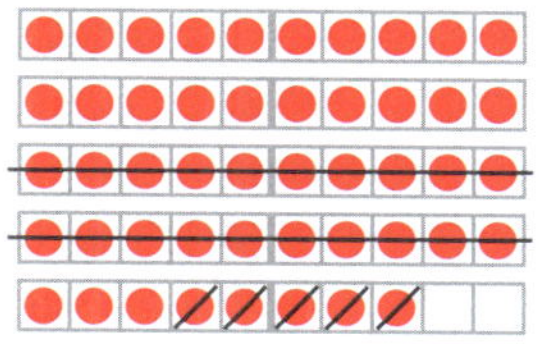

___ – ___ = ___

c) 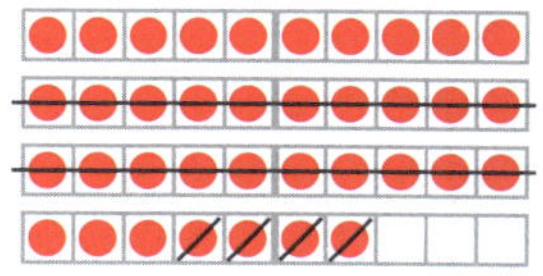

___ – ___ = ___

d) 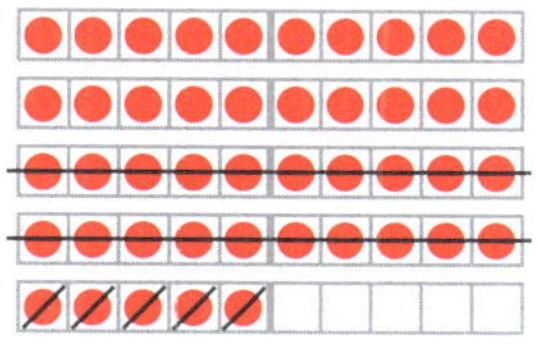

___ – ___ = ___

e) 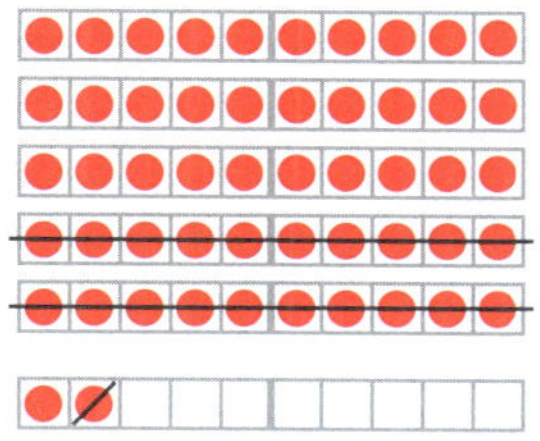

___ – ___ = ___

f) 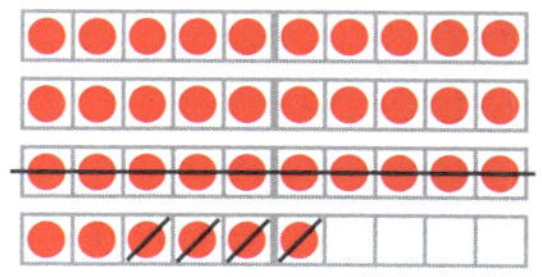

___ – ___ = ___

○ **2** Wie rechnest du? Notiere.

a) 69 – 57

69 – 57 =

b) 85 – 62

c) 99 – 58

d) 78 – 65

e) 97 – 74

f) 68 – 46

○ **3**

| a) | b) | c) |
|---|---|---|
| 87 – 32 = ___ | 52 – 11 = ___ | 93 – 21 = ___ |
| 75 – 13 = ___ | 79 – 56 = ___ | 37 – 24 = ___ |
| 98 – 54 = ___ | 99 – 37 = ___ | 92 – 82 = ___ |
| 64 – 21 = ___ | 67 – 42 = ___ | 83 – 51 = ___ |
| 89 – 25 = ___ | 84 – 63 = ___ | 97 – 76 = ___ |
| 43 44 45<br>55 62 64 | 21 23 25<br>40 41 62 | 9 10 13<br>21 32 72 |

1 Subtraktionsaufgaben lösen. 2 Rechenwege individuell anwenden und notieren. 3 Subtraktionsaufgaben lösen.



→ Schülerbuch, Seite 39

# Zahlenfolgen

○ **1** Zeichne und setze fort.

13 —+7→ 20 —+7→ 27 → 34 → ☐ → ☐ → ☐ → ☐ → ☐

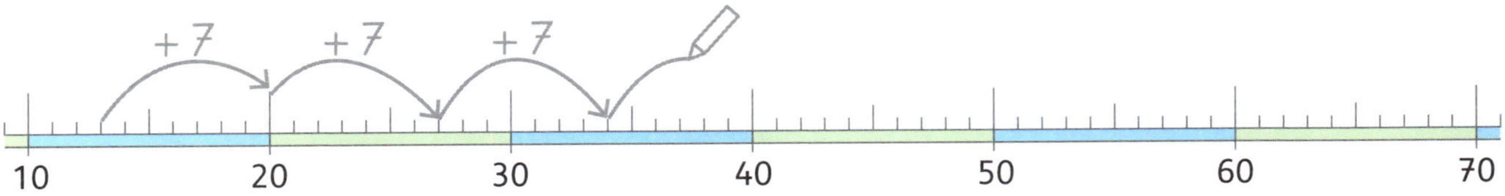


○ **2**

62 —−6→ 56 —−6→ 50 → 44 → ☐ → ☐ → ☐ → ☐ → ☐

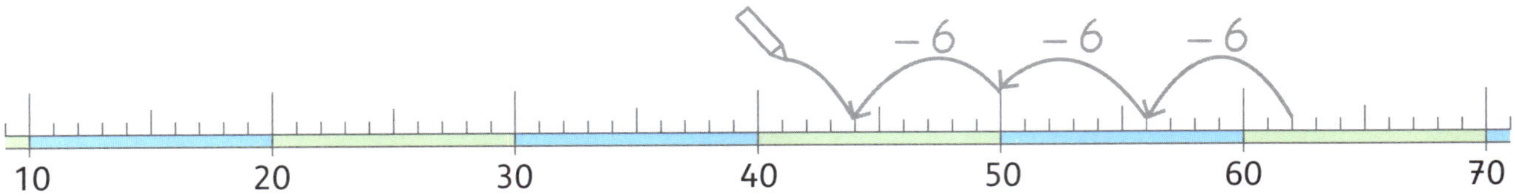


○ **3**

21 → 30 → 32 → 41 → 43 → ☐ → ☐ → ☐ → ☐

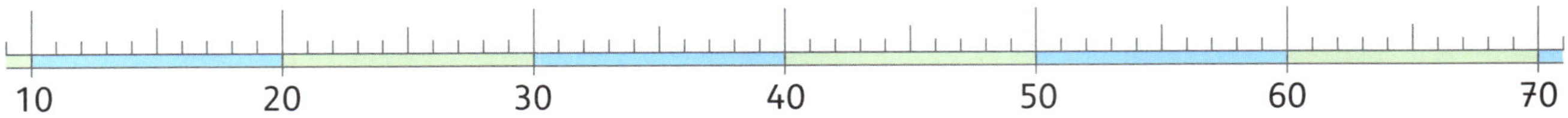


○ **4** Setze die Zahlenfolge fort.

74 —−5→ 69 —−3→ 66 → 61 → 58 → ☐ → ☐ → ☐ → ☐

27 → 34 → 36 → 43 → 45 → ☐ → ☐ → ☐ → ☐

81 → 77 → 69 → 65 → 57 → ☐ → ☐ → ☐ → ☐

◒ **5**

7 —+6→ 13 —−3→ 10 → 16 → 13 → ☐ → ☐ → ☐ → ☐

69 → 65 → 67 → 63 → 65 → ☐ → ☐ → ☐ → ☐

92 → 83 → 87 → 78 → 82 → ☐ → ☐ → ☐ → ☐

◒ **6** Finde eine eigene Zahlenfolge.

☐ → ☐ → ☐ → ☐ → ☐ → ☐ → ☐ → ☐ → ☐



**1–3** Die Sprünge am Zahlenstrahl einzeichnen, auf den Pfeilen notieren und die Zahlenfolgen fortsetzen. **4, 5** Die Sprünge auf den Pfeilen notieren und die Zahlenfolgen fortsetzen. **6** Eigene Zahlenfolge finden.

→ Schülerbuch, Seite 40

# Zentimeter

○ **1** Wie lang sind die Stifte?

Schätze zuerst, miss dann.

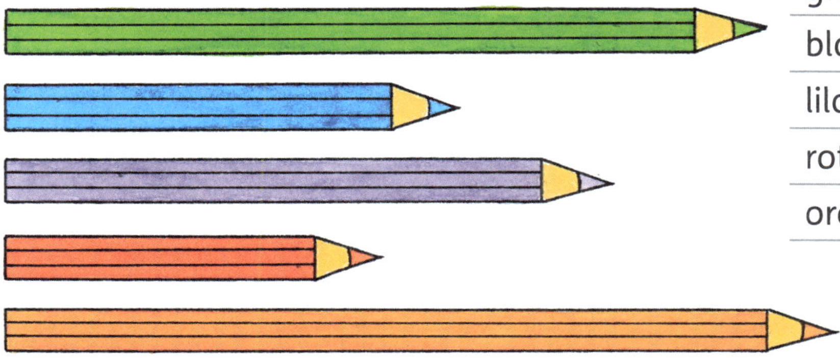

| | geschätzt | gemessen |
|---|---|---|
| grün | cm | cm |
| blau | | |
| lila | | |
| rot | | |
| orange | | |

○ **2** Zeichne die Strecken.

4 cm

6 cm

3 cm

7 cm

9 cm

14 cm

◒ **3** Wie lang ist die Gesamtstrecke? Miss die einzelnen Strecken und rechne.

a)

6 cm + cm +

b)

1 Die Längen der Buntstifte zunächst schätzen, dann messen. Die Ergebnisse in die Tabelle eintragen. 2 Strecken in den angegebenen Längen mit Bleistift und Lineal zeichnen. 3 Die Längen der Teilstrecken messen, notieren und addieren.



→ Schülerbuch, Seite 44

# Meter und Zentimeter

○ **1** Was passt zusammen? Verbinde.

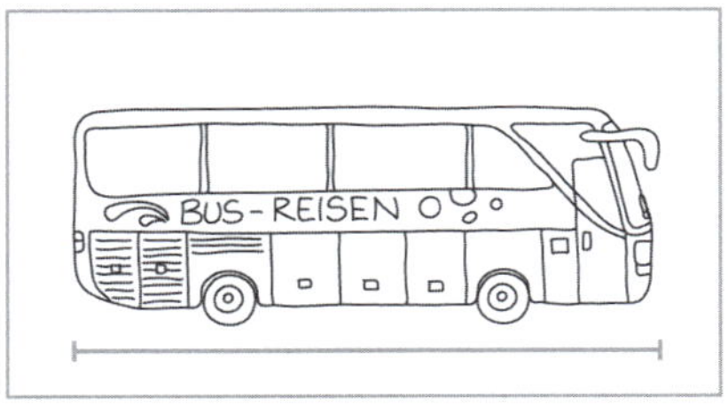

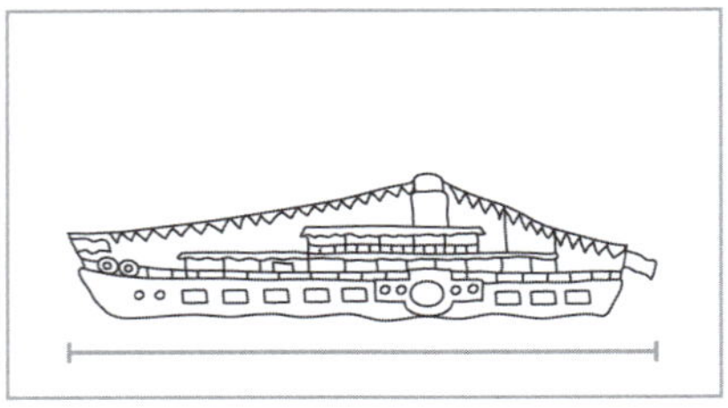

4 m 35 cm | 12 m 85 cm | 1 m 79 cm | 85 m 44 cm | 37 m 57 cm

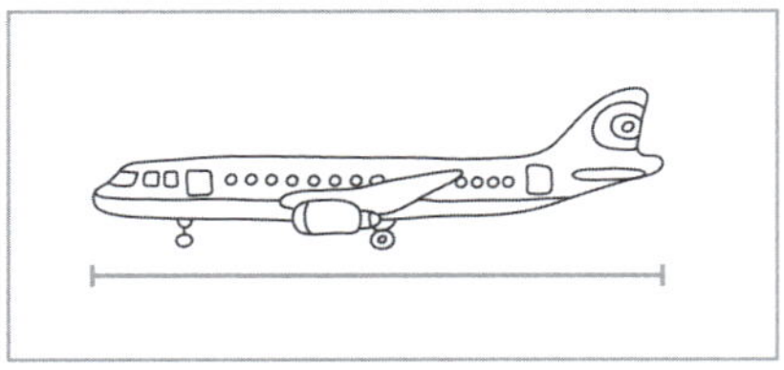

○ **2** Ordne nach der Länge. Beginne jeweils mit der kürzesten Länge.

a) 3 m | 2 m 50 cm | ~~1 m 15 cm~~ | 10 m

1 m 1 5 cm,

b) 4 m 65 cm | 2 m 65 cm | 3 m 30 cm | 1 m 30 cm

○ **3**

a) 3 m + 23 cm = 3 m 23 cm

4 m + 75 cm = ______

5 m + 13 cm = ______

6 m + 7 cm = ______

b) 5 m 68 cm + 9 cm = ______

4 m 25 cm + 8 cm = ______

3 m 79 cm + 7 cm = ______

2 m 54 cm + 6 cm = ______

◒ **4** Wie viel fehlt bis zum nächsten vollen Meter?

a) 3 m + 50 cm + ____ cm = 4 m

4 m + 40 cm + ____ cm = 5 m

3 m + 10 cm + ____ cm = 4 m

4 m + 95 cm + ____ cm = 5 m

● b) 7 m + 92 cm + ____ cm = ____ m

8 m + 2 cm + ____ cm = ____ m

7 m + 52 cm + ____ cm = ____ m

8 m + 82 cm + ____ cm = ____ m

1 Die Fahrzeuge mit den passenden Längenangaben verbinden. 2 Die Längenangaben ordnen, dabei mit der kürzesten Länge beginnen. Bereits notierte Längenangaben zur besseren Übersichtlichkeit durchstreichen. 3 Längen addieren und in gemischter Schreibweise notieren. 4 Auf den nächsten vollen Meter ergänzen.



→ Schülerbuch, Seite 45

# Mit Texten arbeiten

○ **1** Welche Angaben sind zum Lösen der Aufgaben wichtig? Unterstreiche und löse.

In die Wald-Grundschule gehen viele Kinder.
In der Klasse 2a sind 22 Kinder.
Die 2b ist mit 27 Kindern besonders groß.
In der Klasse 2c sind 4 Kinder mehr als in der 2a.
Wie viele Kinder sind in Klasse 2c?

F: Wie viele Kinder sind in der 2c?

L:

A:

○ **2**

In der 1a gibt es 12 Mädchen.
Die 26 Kinder der Klasse sitzen an Sechsertischen.
Nur Maxi und Sina sitzen an Einzeltischen.
Das Klassenzimmer ist im 1. Stock.
Wie viele Jungen sind in der Klasse 1a?

F: Wie viele Jungen sind in der 1a?

L:

○ **3**

Die Kinder der 3. Klasse haben eine Umfrage zu den Hobbys gemacht:
28 Kinder reiten gerne.
Fußball spielen 20 Kinder.
Zum Ballett gehen halb so viele Kinder wie zum Fußball. 12 Kinder machen Judo.
Wie viele Kinder gehen zum Ballett?

F: Wie viele Kinder gehen zum Ballett?

L:

◒ **4**

In der Pause verkaufen 3 Kinder der 4. Klasse Milch, Kakao und Saft. Heute haben sie 12 Säfte und doppelt so viel Kakao verkauft.
Von der Milch waren es 4 Päckchen weniger als vom Kakao.
Nach der Pause räumen sie die restlichen 7 Getränke wieder in den Kühlschrank.

Wie viele Getränke wurden heute verkauft?

F: Wie viele Getränke wurden heute verkauft?

L:

1–4 Texte genau durchlesen und entscheiden, welche Informationen zum Beantworten der Fragen sinnvoll sind. Diese mit Bleistift und Lineal unterstreichen. Sachaufgaben lösen (F-L-A).



→ Schülerbuch, Seite 47

# Mit Skizzen arbeiten

○ **1** Löse mithilfe einer Skizze.

a) Die Bäckerin Frau Mehl schneidet für ihre Kekse von einer 12 cm langen Teigrolle immer 2 cm breite Scheiben ab.
Wie viele Kekse bekommt sie aus einer Rolle?

F: Wie viele Kekse bekommt sie aus einer Rolle?

L:

b) Der Rabe schneidet für seine Kekse eine 9 cm lange Teigrolle in 3 gleich dicke Stücke.
Wie dick ist jedes Stück?

F:

○ **2** a) Im Regal stehen 5 Bücher.
Das Ritterbuch steht ganz links.
Zwischen dem Ritterbuch und dem Pferdebuch steht nur das Tierbuch. Das Saurierbuch steht neben dem Pferdebuch und neben dem Märchenbuch.
In welcher Reihenfolge stehen die Bücher?

F:

b) Silas hat einen Steckwürfelturm aus 4 Steckwürfeln gebaut.
Ganz unten ist der blaue Wüfel.
Der grüne Würfel ist zwischen dem gelben und dem roten Würfel.
Der rote Würfel ist oben.
Wie sind die Steckwürfel angeordnet?

F:

**1, 2** Sachaufgaben mithilfe von Skizzen lösen.



8

→ Schülerbuch, Seite 48

# Wiederholung

○ **1**

a)

| 41 + 3 | |
|---|---|
| + + | + |
| 2 + 32 | |
| + | 78 |

b)

| 35 + 4 | |
|---|---|
| + + | + |
| 7 + 23 | |
| + | 69 |

c)

| 4 + | 46 |
|---|---|
| + + | + |
| + 2 | |
| 55 + | |

○ **2**

a) 67 + 8 = ____
69 + 3 = ____
68 + 6 = ____
69 + 5 = ____

72 72 74 74 75

b) 55 + 24 = ____
25 + 31 = ____
36 + 32 = ____
17 + 62 = ____

56 56 68 79 79

c) 82 − 8 = ____
81 − 9 = ____
83 − 7 = ____
82 − 6 = ____

72 74 74 76 76

d) 68 − 24 = ____
99 − 63 = ____
47 − 23 = ____
86 − 62 = ____

24 24 36 36 44

○ **3** Zeichne die Strecken.

5 cm

7 cm

9 cm

11 cm

○ **4** Lege die Figur aus. Finde unterschiedliche Möglichkeiten. Notiere.

| | |
|---|---|
| □ | |
| △ | |
| △ | |
| gesamt | |

| | |
|---|---|
| □ | |
| △ | |
| △ | |
| gesamt | |

| | |
|---|---|
| □ | |
| △ | |
| △ | |
| gesamt | |

○ **5**

Die kleinsten Rabenvögel sind die Zwerghäher mit bis zu 23 cm Länge. Die größten sind die Kolkraben mit bis zu 67 cm Länge. Wie groß ist der Unterschied?

F: Wie groß ist der Unterschied?

L:

1 Rabomaten vervollständigen. 2 Aufgaben mit und ohne Zehnerübergang lösen. 3 Strecken zu den vorgegebenen Längen zeichnen. 4 Mit Geoplättchen auslegen und die Anzahl der gelegten Formen in Tabellen notieren. 5 Sachaufgabe lösen (F-L-A). Selbst einschätzen, wie erfolgreich die Seite bearbeitet wurde, und entsprechenden Raben ankreuzen.



→ Schülerbuch, Seiten 50/51

# Knobeln mit Texten

**1** 5 Kinder schwimmen um die Wette. Wer schwimmt auf welcher Bahn?

a) Bjarne möchte neben Daniel starten.
b) Daniels Bahn hat die höchste Zahl.
c) Jettes Bahn hat eine gerade Zahl.
d) Ole schwimmt nicht neben Bjarne.

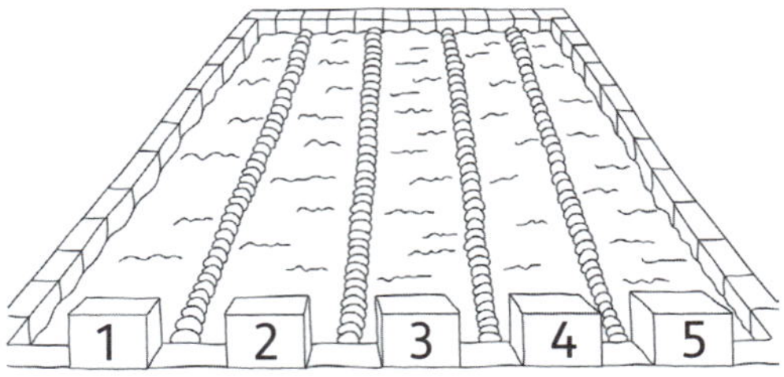

| Bjarne | Ole | Tabea | Jette | Daniel |
|---|---|---|---|---|
| Bahn Nr. ____ | Bahn Nr. ____ | Bahn Nr. ____ | Bahn Nr. ____ | Bahn Nr. ____ |

**2** Jedes Kind hat ein anderes Haustier. Wer hat welches Haustier?

a) Oles Haustier hat vier Beine.
b) Keines der Mädchen hat Fische.
c) Anton liebt seinen Hund sehr.
d) Nur Sveas Haustier kann fliegen.
e) Inas Haustier miaut nicht.

Svea: ____________________
Anton: ____________________
Ina: ____________________
Ben: ____________________
Ole: ____________________

wahr: ✓ falsch: f

| | | | | | |
|---|---|---|---|---|---|
| Svea | | | | | |
| Anton | | | | | |
| Ina | | | | | |
| Ben | | | | | |
| Ole | | | f | | |

**3** Ordne die Angaben den Pferden zu.

a) Vinnie ist 5 Jahre alt.
b) Ein Pferd heißt Lady.
c) Bonnie ist dreimal so alt wie Vinnie.
d) Das weiße Pferd steht ganz links.
e) Vinnie steht ganz rechts im Stall.
f) Der braune Bonnie steht neben dem schwarzen Pferd.
g) Das weiße Pferd ist 3 Jahre jünger als das braune.

| | | |
|---|---|---|
| Name: ____ | Name: ____ | Name: ____ |
| Alter: ____ | Alter: ____ | Alter: ____ |
| Farbe: ____ | Farbe: ____ | Farbe: ____ |



1–3 Aussagen zu den Aufgaben aufmerksam lesen und für die Lösung jeweils relevante Information entnehmen. Dabei müssen Aussagen auch zueinander in Beziehung gesetzt werden, um die jeweils gesuchten Zuordnungen (z. B. Startbahnen) zu bestimmen.

→ Schülerbuch, Seite 53

# Malnehmen

○ **1** Schreibe die Plusaufgabe und die Malaufgabe.

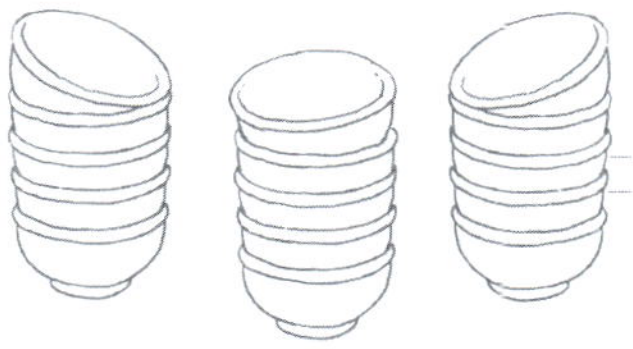

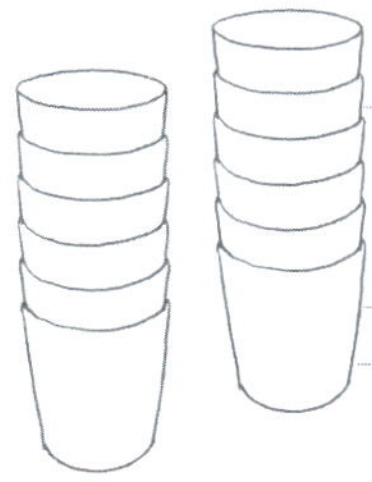

5 + + =
· =

+ + + + =
· =

+ =
· =

○ **2** Zeichne und rechne.

4 + =
2 · 4 =

=
3 · 2 =

=
4 · 5 =

◒ **3** Zeichne Malaufgaben und rechne.

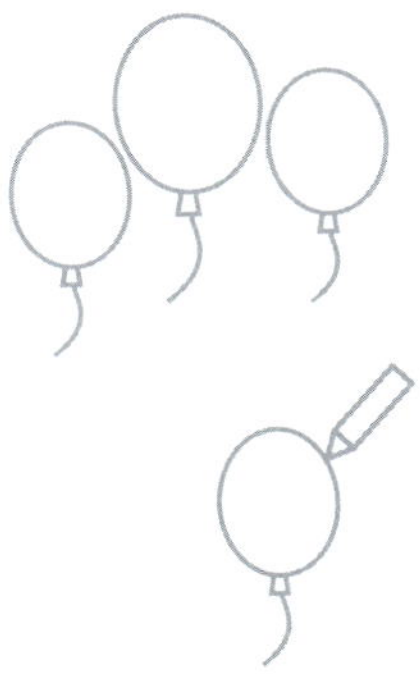

3 + =
3 · 3 =

=
2 · 7 =

=
4 · 3 =

1 Passende Additionsaufgaben finden und daraus die Multiplikationsaufgaben ableiten. 2 Zeichnungen zu den vorgegebenen Multiplikationsaufgaben vervollständigen und Additionsaufgaben notieren. 3 Zu den vorgegebenen Multiplikationsaufgaben eigene Bilder zeichnen und passende Additionsaufgaben notieren.



→ Schülerbuch, Seiten 54/55

# Malnehmen

**○ 1** Finde die Malaufgabe und rechne.

a) 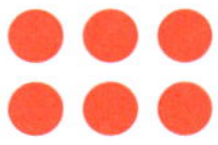

2 · ___ = ___

b) 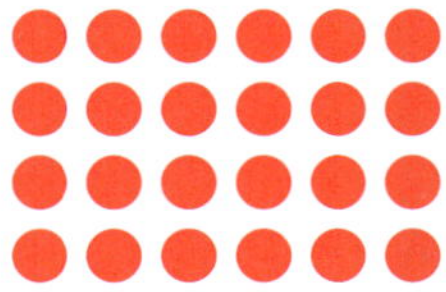

___ · ___ = ___

c) 

___ · ___ = ___

d) 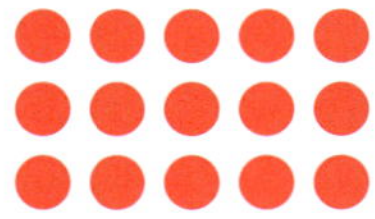

___ · ___ = ___

**○ 2** Zeichne das Punktebild und rechne.

a) $4 \cdot 5 =$ ___

b) $5 \cdot 3 =$ ___

c) $2 \cdot 4 =$ ___

d) $3 \cdot 6 =$ ___

**○ 3** Schreibe die Malaufgabe und rechne.

a) 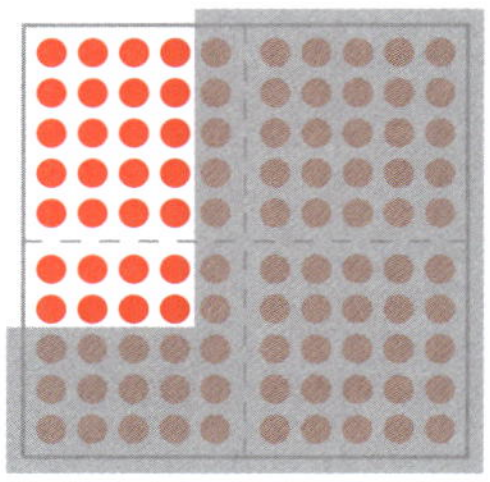

7 · ___ = ___

b) 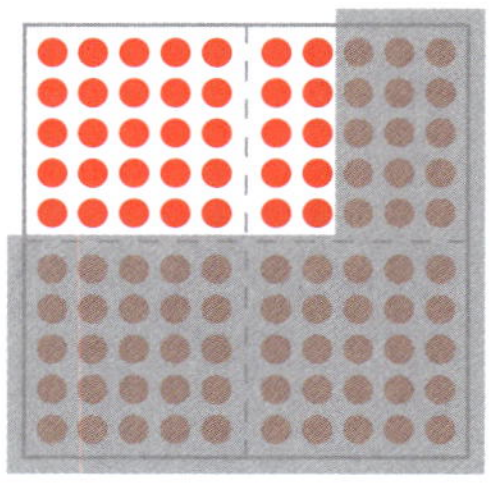

___ · ___ = ___

c) 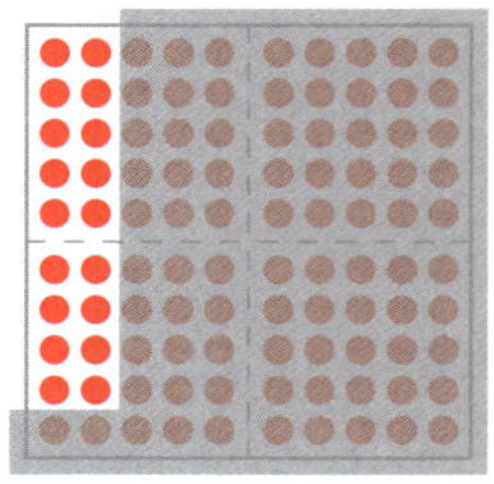

___ · ___ = ___

d) 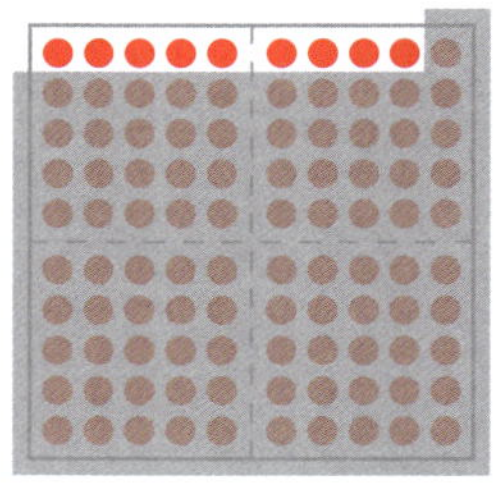

___ · ___ = ___

**○ 4** Färbe Punkte für die Malaufgaben und rechne.

a) 

$2 \cdot 5 =$ ___

b) 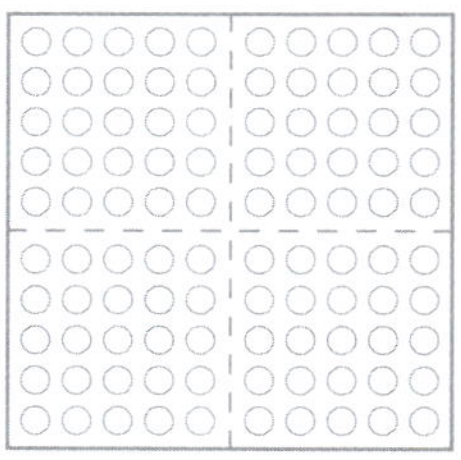

$2 \cdot 8 =$ ___

c) 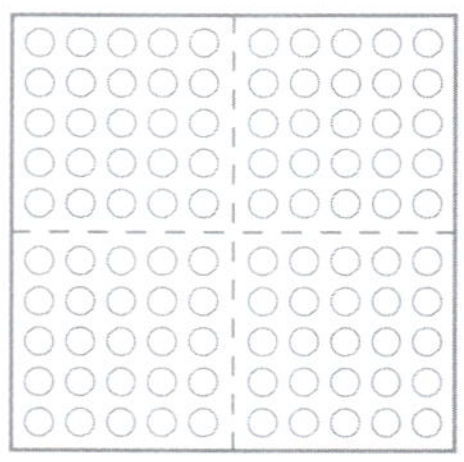

$3 \cdot 7 =$ ___

d) 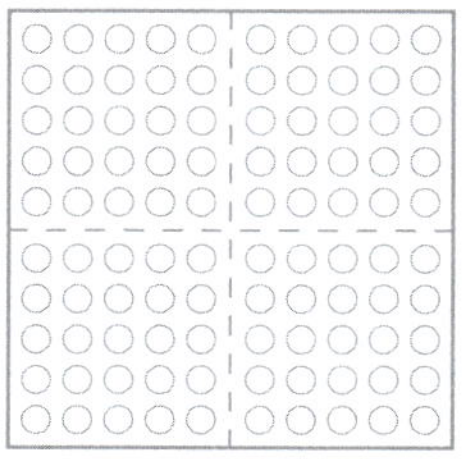

$1 \cdot 4 =$ ___

e) 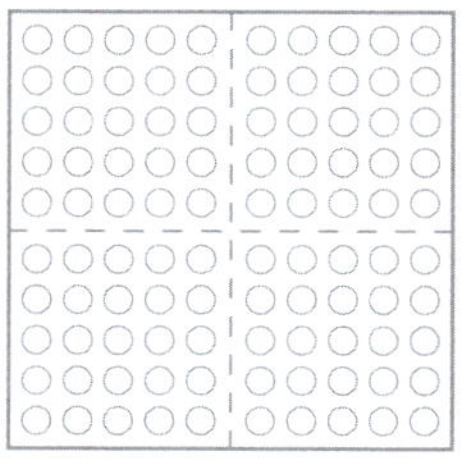

$4 \cdot 3 =$ ___

f) 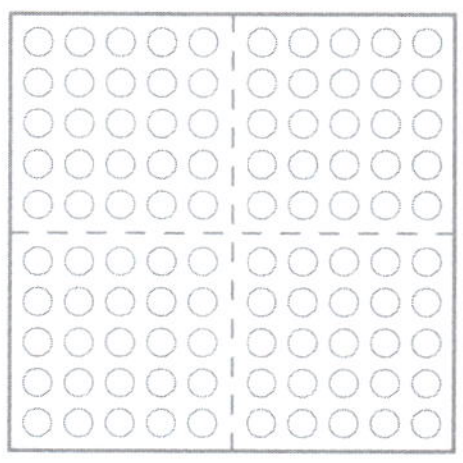

___ · ___ = ___

g) 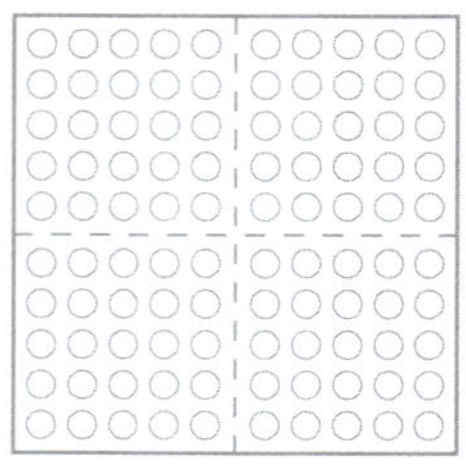

___ · ___ = ___



1 Passende Multiplikationsaufgaben zu Punktebildern notieren und lösen. 2 Zu vorgegebenen Multiplikationsaufgaben passende Punktebilder zeichnen und Aufgaben lösen. 3 Multiplikationsaufgaben erkennen, notieren und lösen. 4 Zu vorgegebenen Multiplikationsaufgaben die Plättchen im Hunderterfeld färben und Aufgaben lösen. Eigene Aufgaben finden.

→ Schülerbuch, Seite 56

# Tauschaufgaben

○ **1** Rechne die Malaufgabe und die Tauschaufgabe.

a) 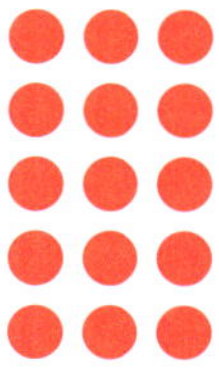

5 · 3 = ____

3 · 5 = ____

b) 

· = ____

· = ____

c) 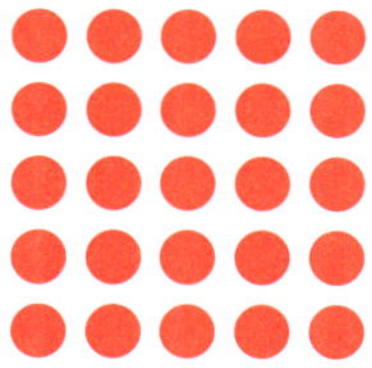

· = ____

· = ____

d) 

· = ____

· = ____

e) 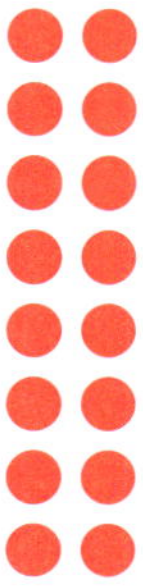

· = ____

· = ____

f) 

· = ____

· = ____

g) 

· = ____

· = ____

h) 

· = ____

· = ____

○ **2** Zeichne Punktebilder. Rechne die Malaufgabe und die Tauschaufgabe.

a)

10 · 4 = ____

4 · = ____

b)

3 · 7 = ____

· = ____

c)

6 · 7 = ____

· = ____

d)

2 · 5 = ____

· = ____

e)

1 · 6 = ____

· = ____

1 Multiplikationsaufgabe und Tauschaufgabe zum Punktebild finden, notieren und lösen. 2 Zu vorgegebenen Multiplikationsaufgaben passende Punktebilder zeichnen, ihre Tauschaufgaben notieren und lösen.



→ Schülerbuch, Seite 57

# Teilen üben

**1** a) Immer 4 Bälle.

8 : ___ = ___

b) Immer 5 Bälle.

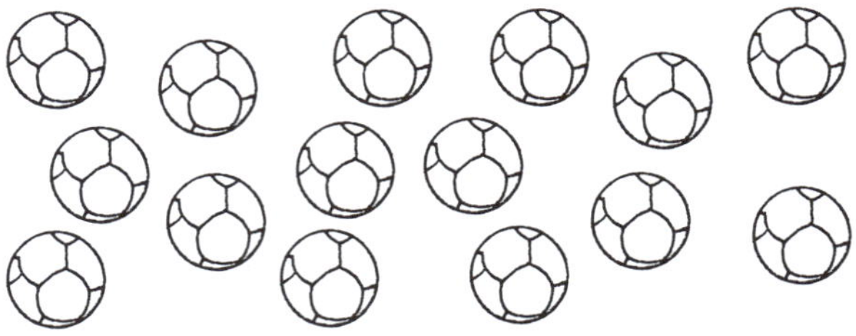

___ : ___ = ___

**2** Zeichne und rechne.

a)

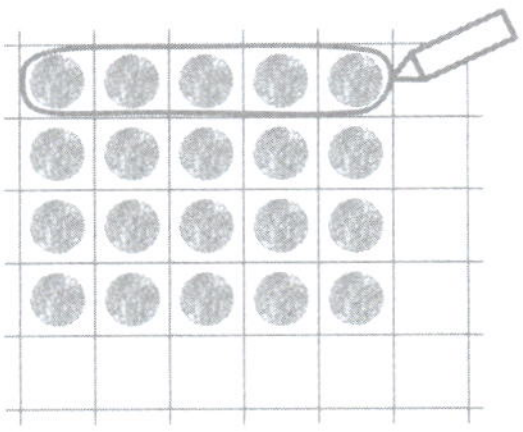

20 : 5 = ___

b)

18 : 6 = ___

c)

16 : 4 = ___

d)

24 : 6 = ___

**3** Verteile und rechne.

a)

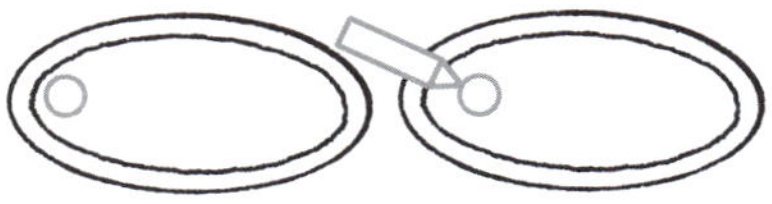

10 : ___ = ___

b)

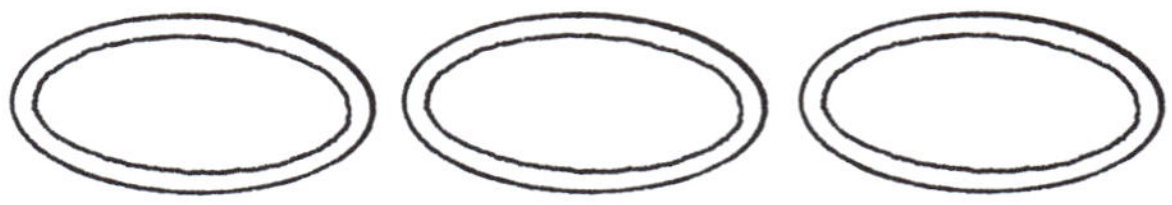

___ : ___ = ___

**4** Verteile 20 Plättchen. Zeichne und rechne.

a)

20 : ___ = ___

b)

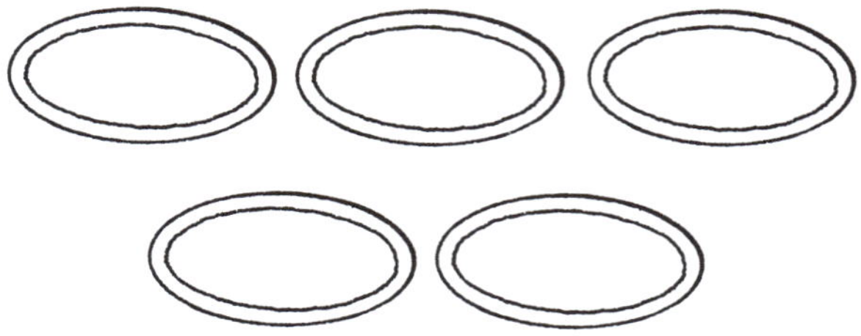

___ : ___ = ___

1 Bälle durch Einkreisen aufteilen. Divisionsaufgaben notieren und lösen. 2 Anzahlen als Punktebild zeichnen und durch Einkreisen aufteilen. Divisionsaufgaben lösen. 3 Mengen durch Wegstreichen und Einzeichnen auf Tellern verteilen. Divisionsaufgaben notieren und lösen. 4 Plättchen durch Einzeichnen auf Tellern verteilen. Divisionsaufgaben notieren und lösen. 9

→ Schülerbuch, Seite 60

# Umkehraufgaben

○ **1** Zeichne und rechne. Kontrolliere mit der Umkehraufgabe.

a)
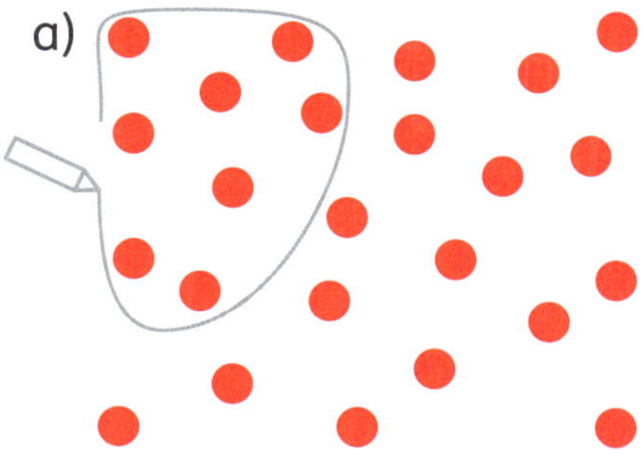

24 : 8 = ___
___ · 8 = ___

b)
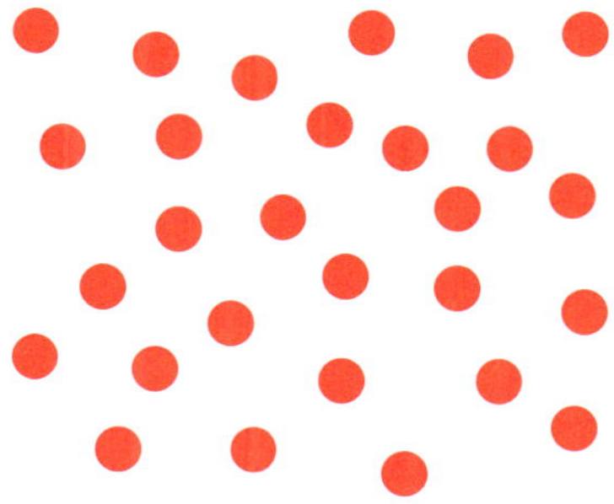

28 : 4 = ___
___ · 4 = ___

c)

30 : 5 = ___
___ · 5 = ___

○ **2** Kreise ein und rechne. Kontrolliere mit der Umkehraufgabe.

a)
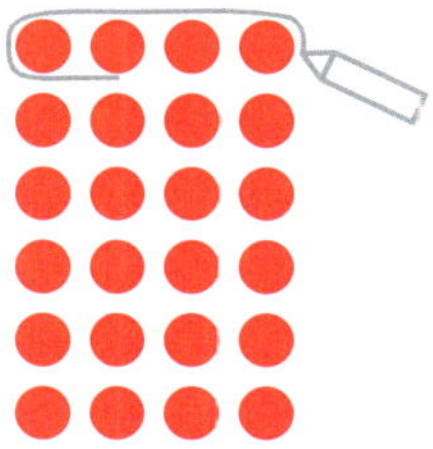

24 : 4 = ___
___ · 4 = ___

b)
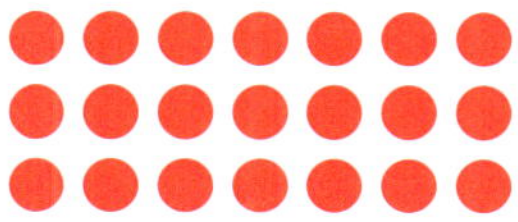

21 : ___ = ___
___ · ___ = ___

c)
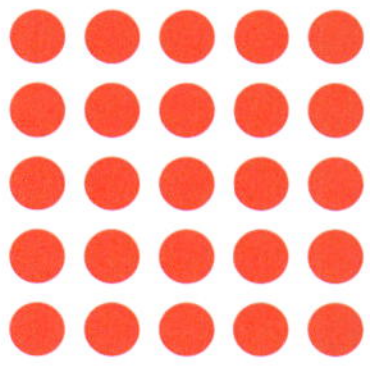

25 : ___ = ___
___ · ___ = ___

○ **3** Zeichne Punktebilder und rechne. Kontrolliere mit der Umkehraufgabe.

a) 18 : 9 = ___
___ · ___ = ___

b) 27 : 9 = ___
___ · ___ = ___

c) 8 : 8 = ___
___ · ___ = ___

○ **4**

a) 10 : 2 = 5
5 · 2 = ___

b) 16 : 8 = ___
___ · ___ = ___

c) 18 : 2 = ___
___ · ___ = ___

d) 30 : 10 = ___
___ · ___ = ___

e) 9 : 9 = ___
___ · ___ = ___

f) 4 : 2 = ___
___ · ___ = ___

◒ g) 12 : 2 = ___
6 · 2 = 12

h) ___ : ___ = ___
2 · 3 = ___

i) ___ : ___ = ___
10 · 5 = ___

1, 2 Plättchen entsprechend der Divisionsaufgabe einkreisen. Aufgabe lösen und mit der Umkehraufgabe kontrollieren.
3 Passende Punktebilder zeichnen. Divisionsaufgabe lösen und mit der Umkehraufgabe kontrollieren. 4 Aufgabe lösen und mit der Umkehraufgabe kontrollieren.



→ Schülerbuch, Seite 61

# Aufgabenfamilien

○ **1** Schreibe zu jedem Punktebild die Aufgabenfamilie.

a)

30
6 5

6 · 5 = 30
5 · 6 =
30 : 5 =
30 : 6 =

b)

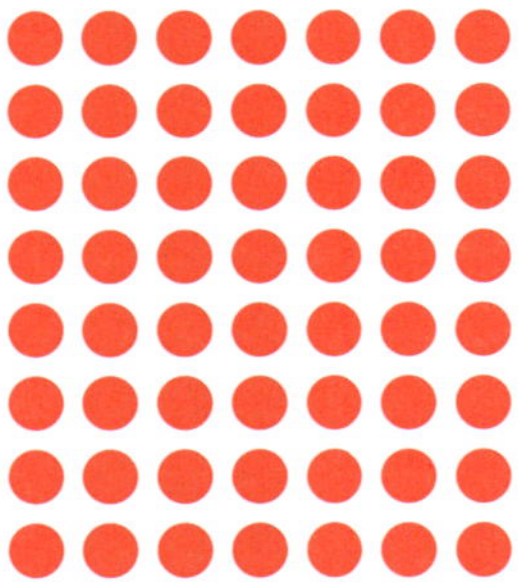

c)

○ **2** Schreibe Aufgabenfamilien.

a)

21
7 3

7 · 3 = 21
3 · 7 = 21
21 : 3 =
: =

b)

32
8 4

· =
· =
: =
: =

c)

36
4 9

· =
· =
: =
: =

◒ **3** Schreibe Aufgabenfamilien.

a)

12
___ 4

· =
· =
: =
: =

b)

40
___ 5

· =
· =
: =
: =

c)

35
5 ___

· =
· =
: =
: =

1 Aus den Punktebildern Aufgabenfamilien ableiten. 2, 3 Zu den vorgegebenen Zahlen alle Aufgaben einer Familie finden.

10



→ Schülerbuch, Seite 62

# Einmaleins mit 1 und 0

○ **1** a) Schreibe Malaufgaben und rechne.

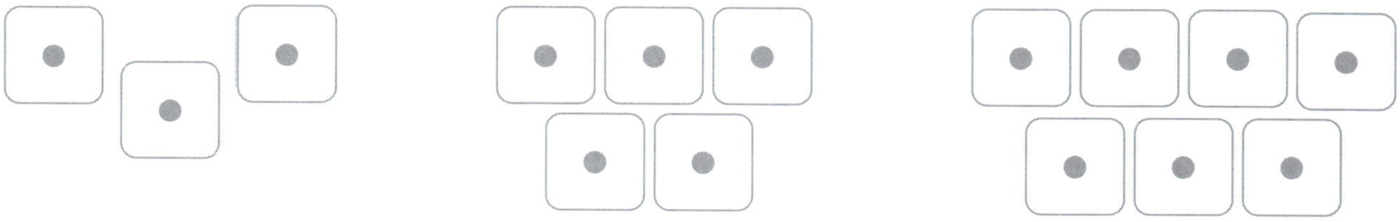

3 · ___ = ___   ___ · ___ = ___   ___ · ___ = ___

b) Rechne und verbinde.

0 · 1   1 · 1   2 · 1   3 · 1   4 · 1   5 · 1   6 · 1   7 · 1   8 · 1   9 · 1   10 · 1

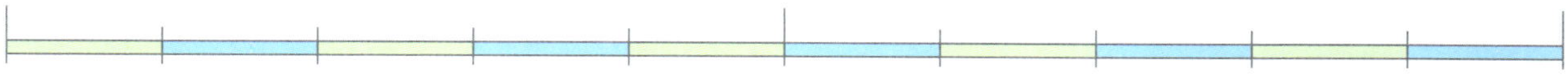


c) Trage die Ergebnisse des Einmaleins mit 1 mit Bleistift in die Tafel auf Seite 66 ein.

○ **2** Kontrolliere mit der Umkehraufgabe.

a) 4 : 4 = 1   6 : 6 = ___   3 : 3 = ___   8 : 8 = ___

1 · 4 = ___   ___ · ___ = ___   ___ · ___ = ___   ___ · ___ = ___

b) 7 : 7 = ___   5 : 5 = ___   2 : 2 = ___   10 : 10 = ___

___ · ___ = ___   ___ · ___ = ___   ___ · ___ = ___   ___ · ___ = ___

○ **3**

| a) | b) | c) | d) |
|---|---|---|---|
| 2 : 1 = ___ | ___ : 1 = 1 | 0 : 2 = ___ | ___ : 1 = 0 |
| 4 : 1 = ___ | ___ : 1 = 6 | 0 : 4 = ___ | ___ : 6 = 0 |
| 3 : 1 = ___ | ___ : 1 = 9 | 0 : 3 = ___ | ___ : 9 = 0 |
| 5 : 1 = ___ | ___ : 1 = 10 | 0 : 7 = ___ | ___ : 10 = 0 |

◒ **4**

| a) | b) | c) |
|---|---|---|
| 1 + 4 = ___ | 8 − 0 = ___ | 0 + 5 = ___ |
| 0 + 4 = ___ | 8 − 1 = ___ | 0 : 5 = ___ |
| 0 · 4 = ___ | 8 : 1 = ___ | 1 + 5 = ___ |
| 1 · 4 = ___ | 8 · 0 = ___ | 1 · 5 = ___ |

| d) | e) | f) |
|---|---|---|
| 9 − 1 = ___ | 0 : 2 = ___ | 7 : 1 = ___ |
| 9 · 1 = ___ | 0 · 2 = ___ | 7 − 1 = ___ |
| 9 : 1 = ___ | 0 + 2 = ___ | 7 − 0 = ___ |
| 9 + 0 = ___ | 1 + 2 = ___ | 7 · 1 = ___ |

1 Multiplikationsaufgaben mit 1 notieren und lösen. Ergebnisse mit dem Zahlenstrahl verbinden. Ergebnisse mit Bleistift in die 1 · 1 Tafel auf Seite 66 eintragen. 2 Divisionsaufgaben lösen und mit der Umkehraufgabe kontrollieren. 3 Divisionsaufgaben mit 1 bzw. mit 0 lösen. 4 Gemischte Aufgaben mit 0 und 1 lösen.



→ Schülerbuch, Seite 63

# Einmaleins mit 10 und 5

**○ 1** a)

| | | | |
|---|---|---|---|
| 0 · 10 = 0 | 10 · 10 = ___ | 6 · 10 = ___ | 8 · 10 = ___ |
| 2 · 10 = ___ | 3 · 10 = ___ | 9 · 10 = ___ | 4 · 10 = ___ |
| 5 · 10 = ___ | 1 · 10 = ___ | 7 · 10 = ___ | |

b) Rechne und verbinde.

0 · 10 | 1 · 10 | 2 · 10 | 3 · 10 | 4 · 10 | 5 · 10 | 6 · 10 | 7 · 10 | 8 · 10 | 9 · 10 | 10 · 10

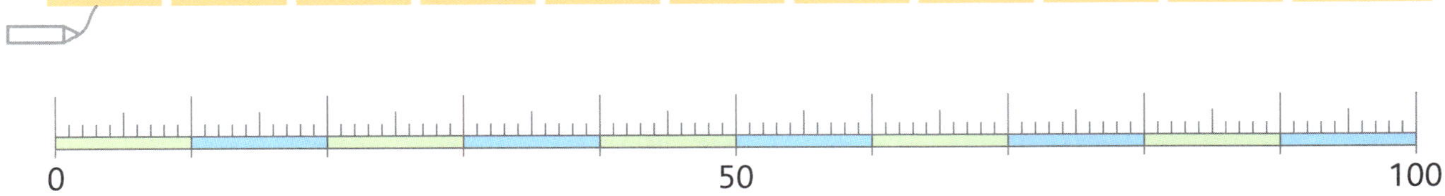


c) Trage die Ergebnisse des Einmaleins mit 10 mit Bleistift in die Tafel auf Seite 66 ein.

**○ 2** a)

| | |
|---|---|
| 20 : 10 = ___ | 40 : 10 = ___ |
| 50 : 10 = ___ | 60 : 10 = ___ |
| 10 : 10 = ___ | 80 : 10 = ___ |
| 100 : 10 = ___ | 70 : 10 = ___ |
| 30 : 10 = ___ | 90 : 10 = ___ |

b)

| | |
|---|---|
| ___ : 10 = 5 | ___ : 10 = 8 |
| ___ : 10 = 2 | ___ : 10 = 6 |
| ___ : 10 = 4 | ___ : 10 = 1 |
| ___ : 10 = 7 | ___ : 10 = 9 |
| ___ : 10 = 3 | ___ : 10 = 10 |

**○ 3** a)

| | | | |
|---|---|---|---|
| 2 · 5 = 10 | 10 · 5 = ___ | 6 · 5 = ___ | 4 · 5 = ___ |
| 5 · 5 = ___ | 0 · 5 = ___ | 7 · 5 = ___ | 8 · 5 = ___ |
| 1 · 5 = ___ | 3 · 5 = ___ | 9 · 5 = ___ | |

b) Rechne und verbinde.

0 · 5 | 1 · 5 | 2 · 5 | 3 · 5 | 4 · 5 | 5 · 5 | 6 · 5 | 7 · 5 | 8 · 5 | 9 · 5 | 10 · 5

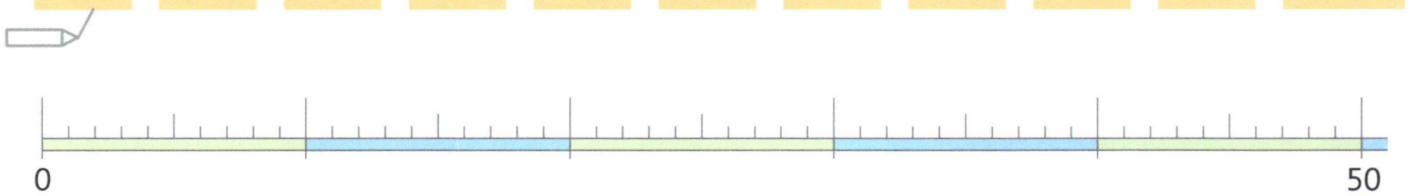


c) Trage die Ergebnisse des Einmaleins mit 5 mit Bleistift in die Tafel auf Seite 66 ein.

**○ 4** a)

| | |
|---|---|
| 10 : 5 = ___ | 15 : 5 = ___ |
| 5 : 5 = ___ | 30 : 5 = ___ |
| 50 : 5 = ___ | 45 : 5 = ___ |
| 25 : 5 = ___ | 40 : 5 = ___ |
| 20 : 5 = ___ | 35 : 5 = ___ |

b)

| | |
|---|---|
| ___ : 5 = 5 | ___ : 5 = 7 |
| ___ : 5 = 2 | ___ : 5 = 6 |
| ___ : 5 = 4 | ___ : 5 = 1 |
| ___ : 5 = 8 | ___ : 5 = 10 |
| ___ : 5 = 3 | ___ : 5 = 9 |



1, 3 Multiplikationsaufgaben mit 10 bzw. mit 5 lösen. Ergebnisse mit dem Zahlenstrahl verbinden. Ergebnisse mit Bleistift in die 1 · 1 Tafel auf Seite 66 eintragen. 2, 4 Divisionsaufgaben zum Einmaleins mit 10 bzw. 5 lösen.

→ Schülerbuch, Seiten 64/65

# Einmaleins mit 2

**○ 1** a) 2 · 2 = 4    10 · 2 = ___    8 · 2 = ___    7 · 2 = ___

0 · 2 = ___    1 · 2 = ___    6 · 2 = ___    4 · 2 = ___

5 · 2 = ___    3 · 2 = ___    9 · 2 = ___

b) Rechne und verbinde.

0 · 2   1 · 2   2 · 2   3 · 2   4 · 2   5 · 2   6 · 2   7 · 2   8 · 2   9 · 2   10 · 2

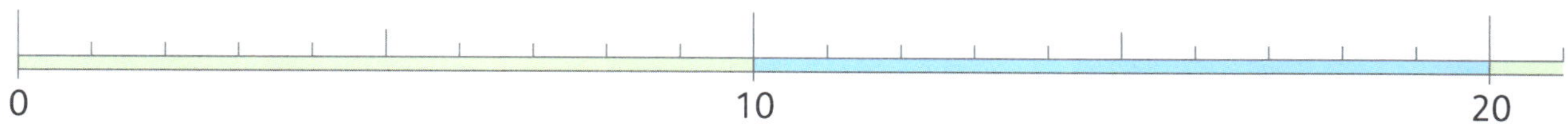


c) Trage die Ergebnisse des Einmaleins mit 2 mit Bleistift in die Tafel auf Seite 66 ein.

**○ 2** a) 2 : 2 = ___    12 : 2 = ___

10 : 2 = ___    6 : 2 = ___

20 : 2 = ___    18 : 2 = ___

4 : 2 = ___    14 : 2 = ___

8 : 2 = ___    16 : 2 = ___

b) ___ : 2 = 5    ___ : 2 = 4

___ : 2 = 1    ___ : 2 = 8

___ : 2 = 2    ___ : 2 = 7

___ : 2 = 3    ___ : 2 = 10

___ : 2 = 6    ___ : 2 = 9

**○ 3** a) Rechne.

0 · 2 = 0    6 · 2 = ___

1 · 2 = 2    7 · 2 = ___

2 · 2 = ___    8 · 2 = ___

3 · 2 = ___    9 · 2 = ___

4 · 2 = ___    10 · 2 = ___

5 · 2 = ___

b) Verbinde die Zahlen der Zweierreihe.

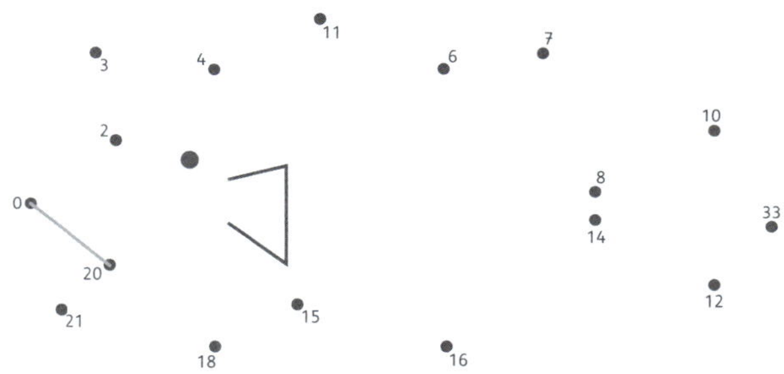


**○ 4** Trage die fehlenden Zahlen ein.

a)

| · | 1 | 0 | 2 |
|---|---|---|---|
| 5 | 5 | | |
| 10 | | | |

b)

| · | 1 | 0 | 2 |
|---|---|---|---|
| 8 | | | |
| 9 | | | |

c)

| · | 2 | 5 | 10 |
|---|---|---|---|
| 5 | | | |
| | | 40 | |

d)

| · | | 5 | 10 |
|---|---|---|---|
| 2 | 4 | | |
| 4 | | | |

1 Multiplikationsaufgaben mit 2 lösen. Ergebnisse mit dem Zahlenstrahl verbinden. Ergebnisse mit Bleistift in die 1 · 1 Tafel auf Seite 66 eintragen. 2 Divisionsaufgaben zum Einmaleins mit 2 lösen. 3 Multiplikationsaufgaben zum Einmaleins mit 2 lösen und die Ergebniszahlen miteinander verbinden. 4 Rechentabellen mithilfe der Multiplikation bzw. Division bearbeiten.



→ Schülerbuch, Seite 66

# Gerade und ungerade Zahlen, Verdoppeln und Halbieren

○ **1** Welche der verdeckten Zahlen in der Hundertertafel sind …

a) gerade? 2,

b) ungerade? 9,

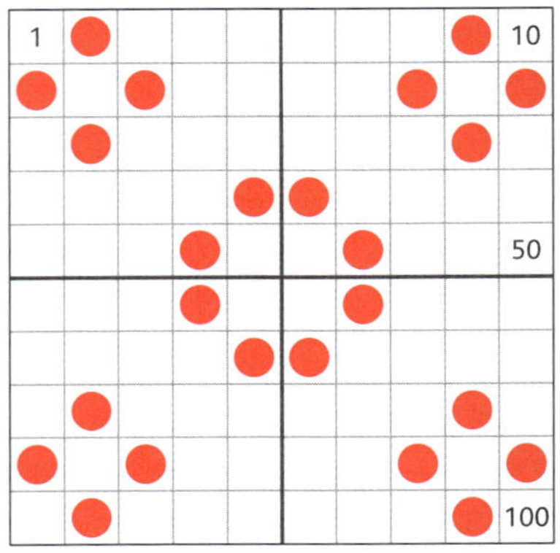

○ **2** Verdopple.

2 · 5 = 10
4 · 5 = ___

2 · 10 = ___
___ · 10 = ___

3 · 5 = ___
___ · 5 = ___

3 · 2 = ___
___ · 2 = ___

4 · 5 = ___
___ · 5 = ___

4 · 10 = ___
___ · 10 = ___

5 · 8 = ___
___ · 8 = ___

5 · 6 = ___
___ · 6 = ___

○ **3** Halbiere.

2 · 5 = 10
1 · 5 = ___

10 · 10 = ___
___ · 10 = ___

8 · 5 = ___
___ · 5 = ___

8 · 2 = ___
___ · 2 = ___

6 · 5 = ___
___ · 5 = ___

6 · 10 = ___
___ · 10 = ___

10 · 7 = ___
___ · 7 = ___

10 · 9 = ___
___ · 9 = ___

○ **4** Löse die Zahlenrätsel.

Meine Zahl ist die Hälfte von 18. ___

Meine Zahl ist die Hälfte des Ergebnisses von 8 · 5. ___

Wenn ich meine Zahl mit 4 malnehme, dann erhalte ich das Doppelte von 6. ___

Meine Zahl ist das Doppelte des Ergebnisses von 3 · 10. ___

Meine Zahl ist das Doppelte von der Hälfte von 24. ___

Meine Zahl ist die Hälfte vom Doppelten des Ergebnisses von 4 · 10. ___

1 Die verdeckten geraden und ungeraden Zahlen auf der Hundertertafel erkennen und notieren. 2, 3 Das Verdoppeln und Halbieren nutzen, um Multiplikationsaufgaben zu lösen. 4 Zahlenrätsel zum Verdoppeln und Halbieren lösen.

→ Schülerbuch, Seiten 67/68

# Quadratzahlen

**1** a)

| | | b) | |
|---|---|---|---|
| 0 · 0 = 0 | 6 · 6 = ___ | 2 · ___ = 4 | 6 · ___ = 36 |
| 1 · 1 = ___ | 7 · 7 = ___ | 5 · ___ = 25 | 10 · ___ = 100 |
| 2 · 2 = ___ | 8 · 8 = ___ | 3 · ___ = 9 | 9 · ___ = 81 |
| 3 · 3 = ___ | 9 · 9 = ___ | 7 · ___ = 49 | 8 · ___ = 64 |
| 4 · 4 = ___ | 10 · 10 = ___ | 4 · ___ = 16 | 0 · ___ = 0 |
| 5 · 5 = ___ | | 1 · ___ = 1 | |

c) Trage die Ergebnisse der Quadratzahl-Aufgaben mit Bleistift auf Seite 66 ein.

**2** Umrande die Quadratzahlen. Notiere die Aufgaben.

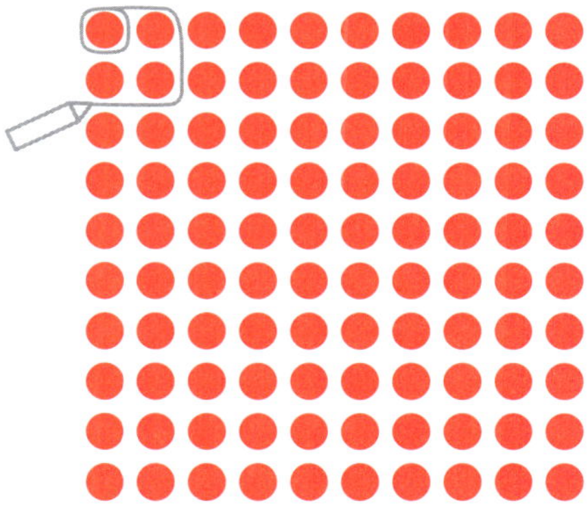

1 · 1 = 1

2 · 2 =

**3** a)

| | | b) | |
|---|---|---|---|
| 4 : 2 = ___ | 1 : 1 = ___ | ___ : 1 = 1 | ___ : 5 = 5 |
| 16 : 4 = ___ | 49 : 7 = ___ | ___ : 8 = 8 | ___ : 2 = 2 |
| 25 : 5 = ___ | 81 : 9 = ___ | ___ : 6 = 6 | ___ : 10 = 10 |
| 9 : 3 = ___ | 100 : 10 = ___ | ___ : 3 = 3 | ___ : 7 = 7 |
| 36 : 6 = ___ | 64 : 8 = ___ | ___ : 4 = 4 | ___ : 9 = 9 |

**4**

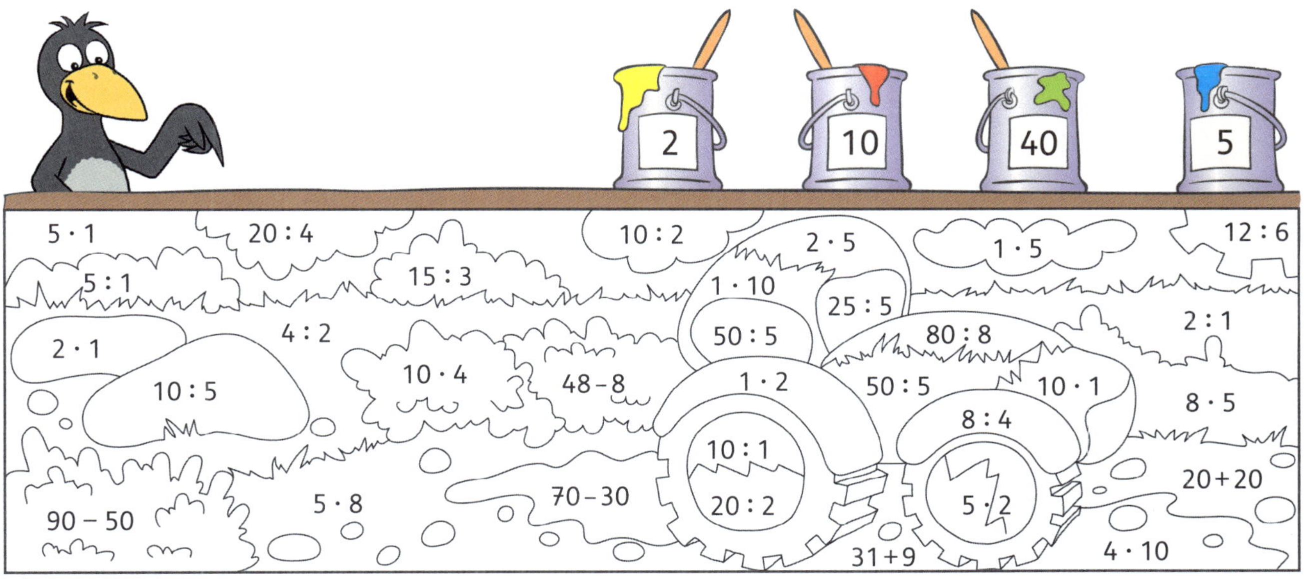


1, 3 Multiplikations- und Divisionsaufgaben mithilfe der Quadrataufgaben lösen. 2 Quadratzahlen im Hunderterfeld umranden. Aufgaben notieren und lösen. 4 Aufgaben lösen und Felder in den Farben der Ergebniszahlen ausmalen.



→ Schülerbuch, Seite 69

# Kernaufgaben zuerst

**○ 1**

| | | |
|---|---|---|
| Wie viele Augen haben 2 Raben? 2 · 2 = ____ | Wie viele Finger haben 8 Hände? ____ | Wie viele Ohren haben 3 Lehrer? ____ |
| Wie viele Arme haben 7 Schwestern? ____ | Wie viele Zehen haben 4 Füße? ____ | Wie viele Füße haben 9 Kinder? ____ |
| Wie viele Finger haben 6 Brüder? ____ | Wie viele Daumen haben 5 Tanten? ____ | Wie viele Zehen haben 9 Onkel? ____ |

**○ 2**

| a) | b) | c) | d) |
|---|---|---|---|
| 2 · 3 = ____ | 5 · 4 = ____ | 1 · 6 = ____ | 10 · 2 = ____ |
| 10 · 3 = ____ | 2 · 4 = ____ | 2 · 6 = ____ | 5 · 2 = ____ |
| 5 · 3 = ____ | 1 · 4 = ____ | 10 · 6 = ____ | 2 · 2 = ____ |
| 1 · 3 = ____ | 10 · 4 = ____ | 5 · 6 = ____ | 1 · 2 = ____ |

| e) | f) | g) | h) |
|---|---|---|---|
| 2 · 5 = ____ | 10 · 8 = ____ | 5 · 9 = ____ | 1 · 7 = ____ |
| 5 · 5 = ____ | 1 · 8 = ____ | 1 · 9 = ____ | 10 · 7 = ____ |
| 10 · 5 = ____ | 5 · 8 = ____ | 2 · 9 = ____ | 2 · 7 = ____ |
| 1 · 5 = ____ | 2 · 8 = ____ | 10 · 9 = ____ | 5 · 7 = ____ |

**○ 3** Löse immer zuerst die Kernaufgabe.

| a) | | b) | |
|---|---|---|---|
| 2 · 4 = ____ | 2 · 9 = ____ | 10 · 6 = ____ | 10 · 7 = ____ |
| 3 · 4 = ____ | 3 · 9 = ____ | 9 · 6 = ____ | 9 · 7 = ____ |
| 5 · 7 = ____ | 5 · 9 = ____ | 5 · 8 = ____ | 5 · 7 = ____ |
| 6 · 7 = ____ | 6 · 9 = ____ | 4 · 8 = ____ | 4 · 7 = ____ |

**○ 4** a) Verbinde die Zahlen der Zweierreihe.

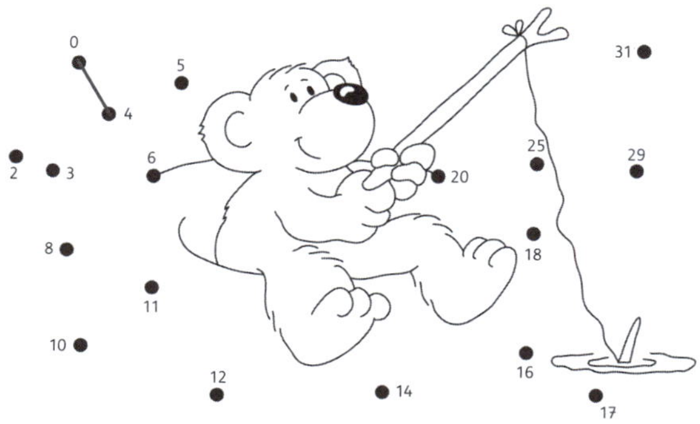

b) Verbinde die Zahlen der Fünferreihe.

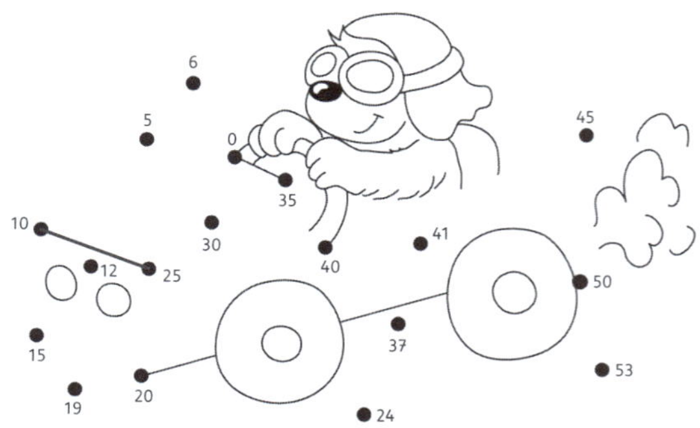



1 Malaufgaben zu den Fragen finden und lösen. 2 Kernaufgaben lösen. 3 Benachbarte Aufgaben über die Kernaufgaben lösen („Zuerst die Kernaufgabe, dann 1 · _ dazu/weg.") 4 Die Zweierzahlen bzw. die Fünferzahlen der Reihe nach verbinden, sodass ein Bild entsteht.

→ Schülerbuch, Seite 70

# Malpyramiden und Aufgabenfamilien

○ **1**

a)

| | | |
|---|---|---|
| 4 | | |
| 2 | 2 | 2 |

b)

| | | |
|---|---|---|
| 2 | 5 | 2 |

c)

| | | |
|---|---|---|
| 3 | 3 | 3 |

d)

| | | |
|---|---|---|
| 5 | 2 | 4 |

e)

| | | |
|---|---|---|
| 1 | 9 | 0 |

f)

| | | |
|---|---|---|
| 5 | 1 | 8 |

○ **2**

a)

| | | |
|---|---|---|
| 60 | | |
| 10 | | |
| 5 | | |

b)

| | | |
|---|---|---|
| 10 | 10 | |
| | 10 | |

c)

| | | |
|---|---|---|
| 64 | | |
| 8 | | |
| | | 4 |

○ **3**

a) 35; 7, 5

· =
· =
: =
: =

b) 90; 9, 10

· =
· =
: =
: =

c) 45; 9, ___

· =
· =
: =
: =

◒ **4**

a) 8; ___, ___

· =
· =
: =
: =

b) 48; ___, ___

· =
· =
: =
: =

c) 24; ___, ___

· =
· =
: =
: =

1 Malpyramiden lösen: Die Zahlen von zwei nebeneinander liegenden Steinen miteinander multiplizieren und das Ergebnis in den darüber liegenden Steinen eintragen. 2 Fehlende Zahlen mithilfe der Multiplikation oder Division ergänzen. 3, 4 Alle Aufgaben einer Familie finden und lösen. 4 Hier sind mehrere Lösungen möglich.



→ Schülerbuch, Seite 71

# Klecksaufgaben und Zahlenrätsel

○ **1** Finde die fehlenden Zahlen.

a)
2 · __ = 8
2 · __ = 16
2 · __ = 0
2 · __ = 14

b)
__ · 5 = 30
__ · 5 = 40
__ · 5 = 45
__ · 5 = 35

c)
__ · 7 = 49
__ · 6 = 36
__ · 4 = 16
__ · 5 = 25

○ **2**

a)
4 : __ = 2
10 : __ = 5
20 : __ = 10
2 : __ = 1

b)
__ : 4 = 5
__ : 3 = 3
__ : 7 = 2
__ : 9 = 2

c)
__ : 7 = 7
__ : 4 = 4
__ : 6 = 6
__ : 8 = 8

d)
20 : __ = 4
30 : __ = 6
40 : __ = 8
35 : __ = 7

○ **3**

a)
10 + __ = 10
10 − __ = 5
10 · __ = 10
10 : __ = 5

b)
__ + 5 = 5
__ − 5 = 5
__ · 5 = 5
__ : 5 = 5

c)
__ + 2 = 10
__ − 10 = 10
__ · 2 = 10
__ : 1 = 10

d)
__ + 12 = 24
11 − __ = 0
10 · 10 = __
9 : __ = 1

○ **4** Löse die Zahlenrätsel.

a) Die gesuchte Zahl liegt zwischen 4 und 8 und gehört zum Einmaleins mit 2. ____

b) Die gesuchte Zahl liegt zwischen 30 und 50 und gehört zum Einmaleins mit 10. ____

c) Die gesuchte Zahl liegt zwischen 40 und 50 und gehört zum Einmaleins mit 5. ____

d) Die gesuchte Zahl liegt zwischen 45 und 50 und ist eine Quadratzahl. ____

◒ **5**

a) Multiplizierst du die gesuchte Zahl mit sich selbst, erhältst du 81. ____

b) Multiplizierst du die gesuchte Zahl mit sich selbst, erhältst du 64. ____

● c) Die gesuchte Zahl ist das Doppelte der Quadratzahl von 2. ____

d) Die gesuchte Zahl ist durch 5 teilbar. Sie ist eine ungerade Quadratzahl. ____



1, 2 Fehlende Zahlen mithilfe der Multiplikation und Division ergänzen. 3 Fehlende Zahlen mithilfe der Addition, Subtraktion, Multiplikation oder Division ergänzen. 4 Zahlenrätsel lösen: Gesuchte Ergebniszahlen der Einmaleinsreihen über die Multiplikation finden.

→ Schülerbuch, Seiten 72

# Textaufgaben hinterfragen

**○ 1** Du kannst immer 2 Aufgaben lösen.
Kreuze sie an. Löse und antworte.

☐ In der Limonadenkiste sind 20 Flaschen. 3 Mädchen haben jeweils 2 Flaschen getrunken. Wie viele Flaschen sind noch voll?

☐ In die Klasse von Herrn Schell gehen 24 Kinder. Es sind 15 Jungen und 9 Mädchen. Wie alt ist Herr Schell?

☐ Lisa hat in ihrer Federmappe 20 Stifte. Sie hat immer 2 Stifte mit der gleichen Farbe. Wie viele Farben hat Lisa?

**○ 2**

☐ Lisann kauft ein Märchenbuch für 8 € und 2 Pferdebücher. Wie viel Rückgeld bekommt sie?

☐ Sebastian ist doppelt so alt wie Lara. Lara ist 8 Jahre alt. Wie alt ist Sebastian?

☐ Eva kann halb so weit werfen wie Frau Klein. Frau Klein wirft 18 Meter weit. Wie weit wirft Eva?

**◒ 3**

☐ Mia hat 3 Brüder. Jeder Bruder hat genau eine Schwester. Wie viele Schwestern hat Mia?

☐ Bauer Schmitt hat einige Hühner und einige Schweine. Zusammen haben die Tiere 5 Köpfe und 14 Beine. Wie viele Hühner und wie viele Schweine hat er?

☐ Jonas ist 6 cm größer als sein Bruder Ben. Ben ist 14 cm kleiner als seine Schwester Alina. Wie groß sind die Geschwister?

1 Sachaufgaben hinterfragen. Lösbare Aufgaben ankreuzen und lösen. Antwortsatz formulieren.



→ Schülerbuch, Seite 73

# Mit dem Spiegel experimentieren

○ **1** Kreuze das richtige Spiegelbild an. Überprüfe mit dem Spiegel.

a) 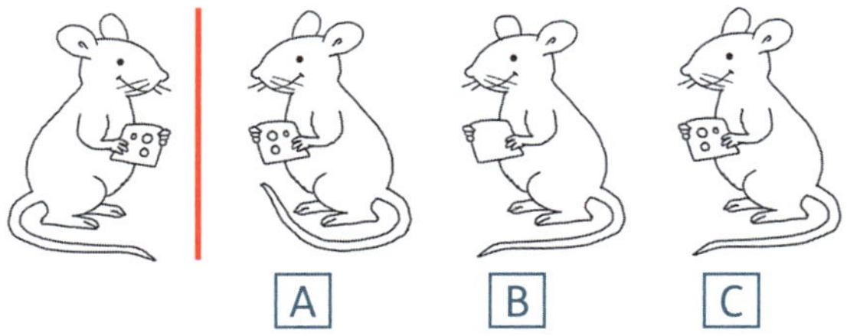


b) 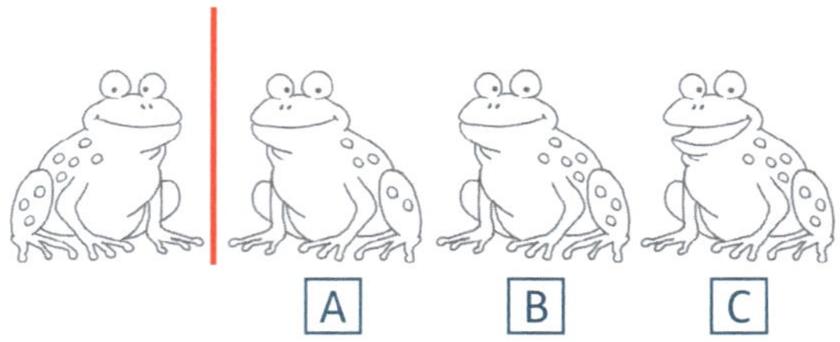


c) 

d) 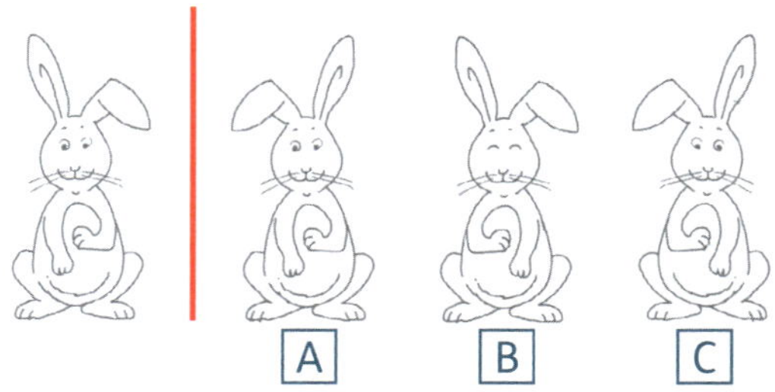


○ **2** Finde die Fehler im Spiegelbild und kreise sie ein.

**Es sind 8 Fehler.**

◒ **3** Was fehlt im Spiegelbild? Ergänze.

**Es sind 10 Fehler.**

1 Das richtige Spiegelbild zur jeweils linken Figur finden und ankreuzen. Mit dem Spiegel überprüfen. 2 Die acht Fehler im Spiegelbild finden und einkreisen. 3 Die zehn fehlenden Dinge im Spiegelbild finden und ergänzen.

→ Schülerbuch, Seite 74

# Geobrett: Figuren spiegeln

○ **1** Zeichne das Spiegelbild.

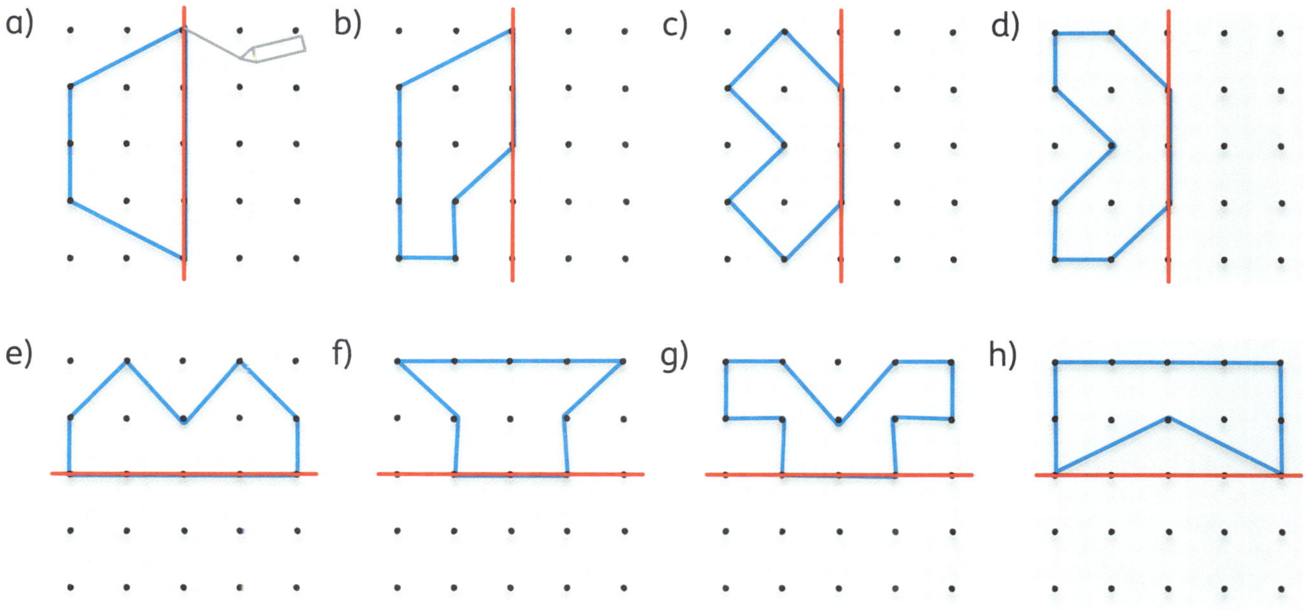


◒ **2** Zeichne das Spiegelbild.

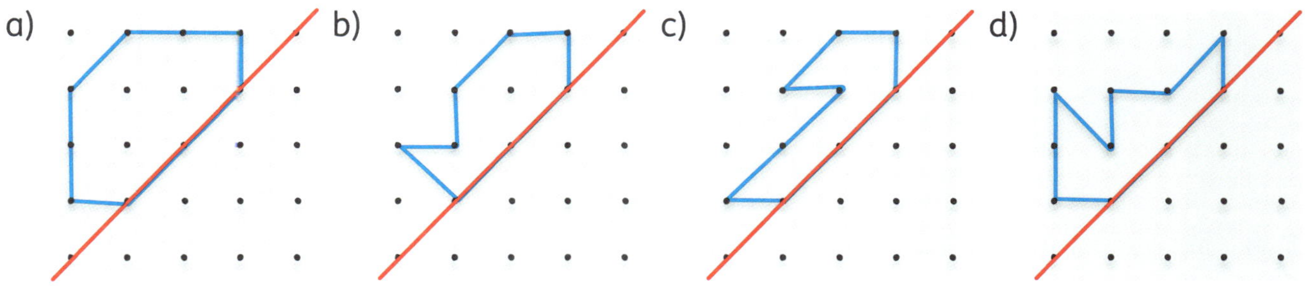


◒ **3** Erfinde eigene Figuren und spiegle sie an der Spiegelachse.

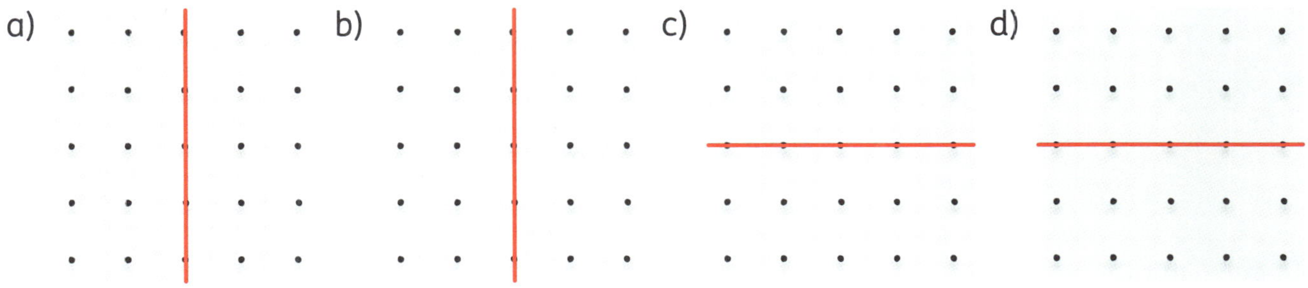


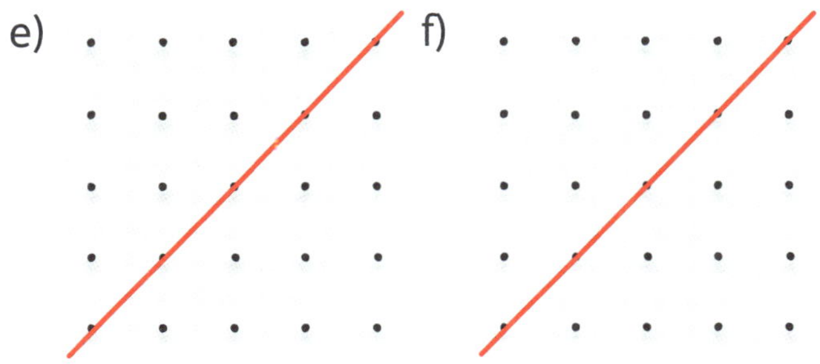

1–2 Vorgegebene Figuren auf dem Punkteraster entsprechend der senkrechten, waagerechten bzw. diagonalen Spiegelachse spiegelbildlich ergänzen. 3 Eigene Figuren erfinden und entsprechend der Spiegelachse ergänzen.



→ Schülerbuch, Seite 78

# Wiederholung

○ **1**

a)
5 · 5 = ____
2 · 5 = ____
1 · 5 = ____
10 · 5 = ____
0 · 5 = ____

b)
4 · 5 = ____
7 · 5 = ____
3 · 5 = ____
9 · 5 = ____
8 · 5 = ____

c)
5 · 2 = ____
2 · 2 = ____
1 · 2 = ____
10 · 2 = ____
0 · 2 = ____

d)
4 · 2 = ____
7 · 2 = ____
3 · 2 = ____
9 · 2 = ____
8 · 2 = ____

○ **2**

a)
3 · 3 = ____
6 · 6 = ____
9 · 9 = ____

b)
2 · 2 = ____
4 · 4 = ____
8 · 8 = ____

c)
0 · 0 = ____
1 · 1 = ____
7 · 7 = ____

d)
10 · 10 = ____
5 · 5 = ____

○ **3** Schreibe Aufgabenfamilien.

a)
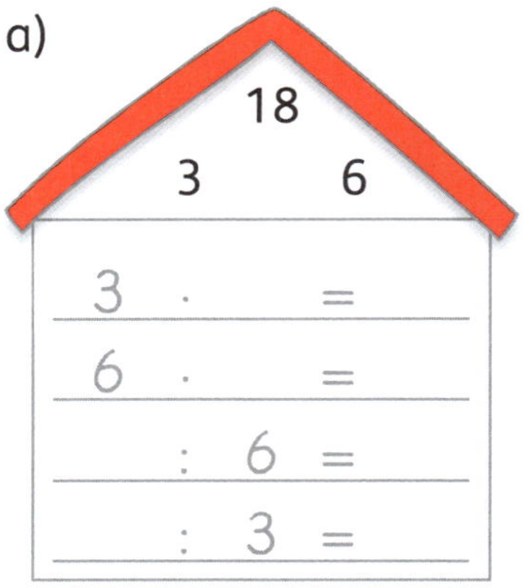


b)
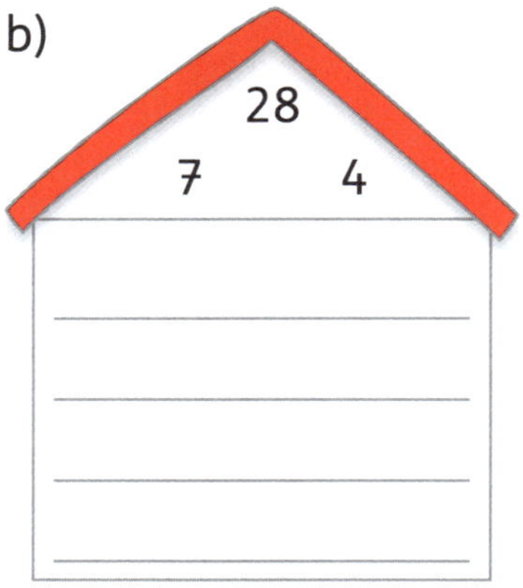


c)
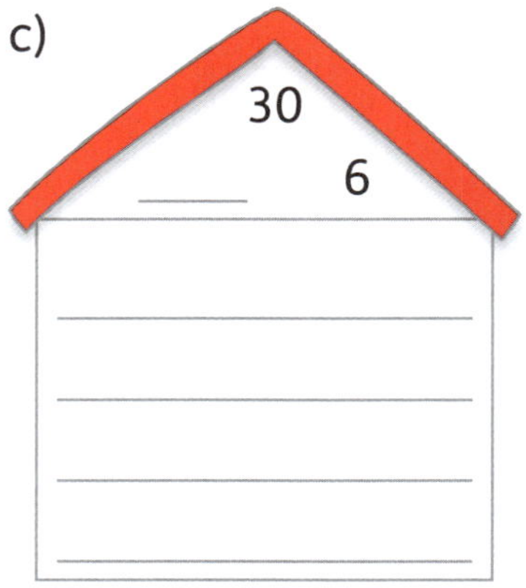


○ **4** Setze fort und färbe.

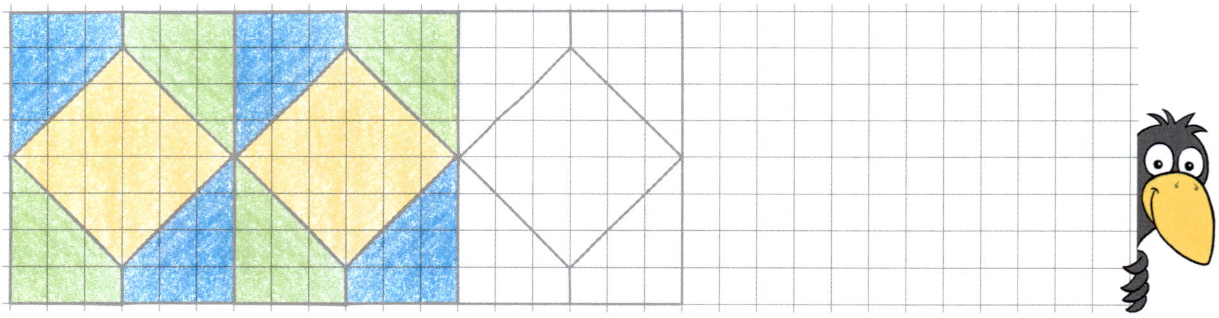

○ **5** Zeichne das Spiegelbild.

a)
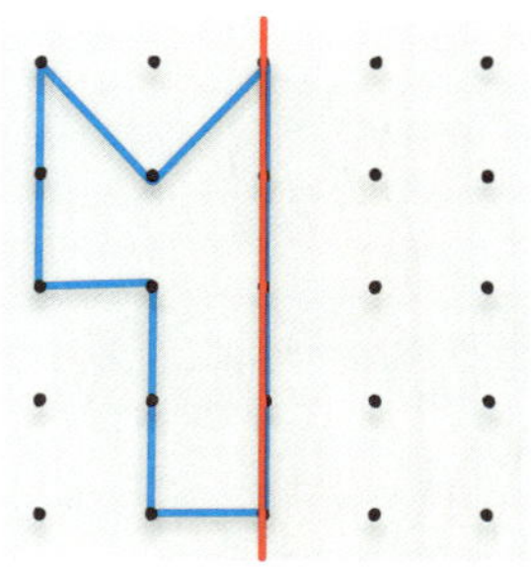

b)
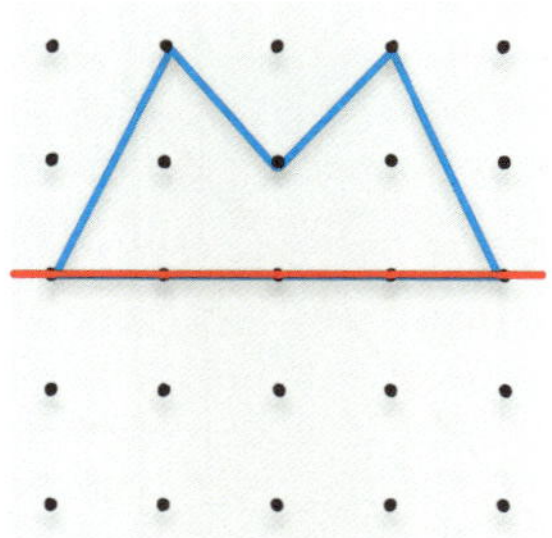

c)
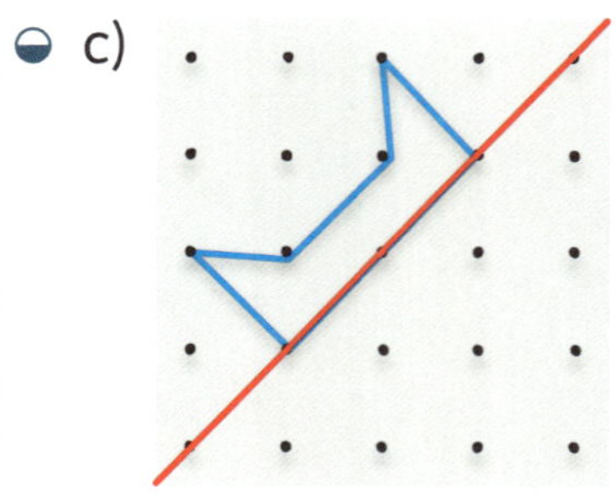



1 Kernaufgaben lösen. 2 Quadratzahlaufgaben lösen. 3 Alle Aufgaben einer Familie finden und lösen. c) Fehlende Zahl im Dach ergänzen. 4 Muster regelmäßig fortsetzen. 5 Vorgegebene Figuren spiegelbildlich ergänzen. Selbst einschätzen, wie erfolgreich die Seite bearbeitet wurde, und entsprechenden Raben ankreuzen.

→ Schülerbuch, Seiten 80/81

# Knobeln mit Formen

**1** Zerlege die Formen mit einer geraden Linie in die angegebenen Formen.
Zeichne deine Lösung jeweils ein.

| | | | |
|---|---|---|---|
| ein Dreieck und ein Quadrat | ein Dreieck und ein Rechteck | 2 gleich große Vierecke | 2 unterschiedlich große Dreiecke |

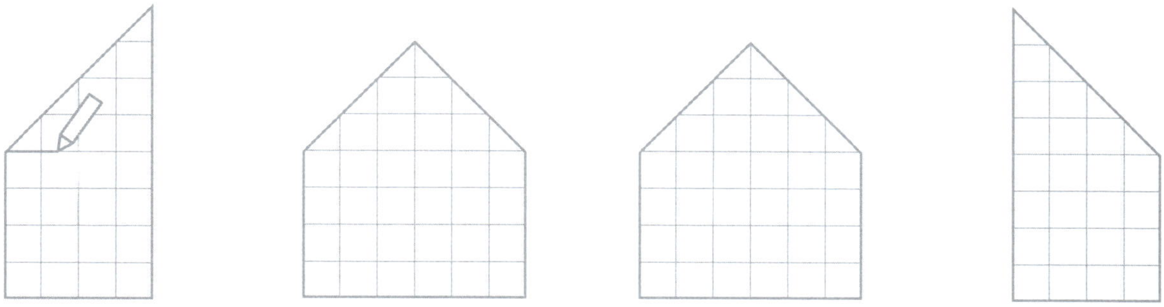

**2** Zerlege die Formen mit einer geraden Linie in die angegebenen Formen.

| | | | |
|---|---|---|---|
| ein Dreieck und ein Viereck | 2 unterschiedlich große Vierecke | ein Fünfeck und ein Dreieck | ein Fünfeck und ein Dreieck |

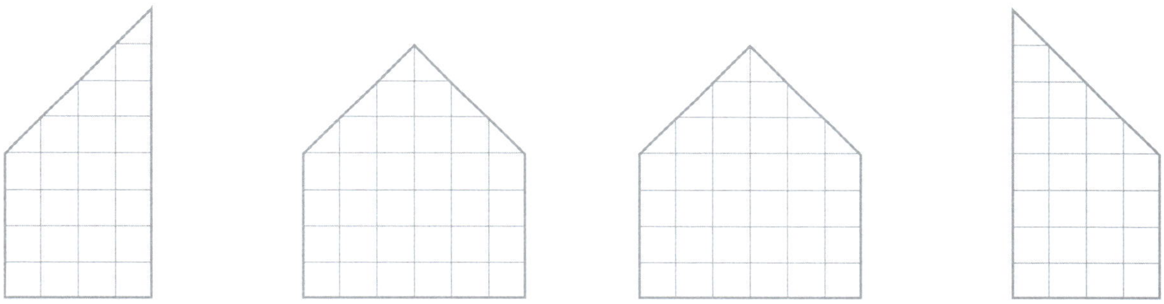

**3** Kann das stimmen? Kreuze die richtigen Aussagen an.

- Mit einem Schnitt zerlege ich mein Rechteck in 2 gleich große Quadrate. ☐
- Mein Dreieck habe ich mit 2 Schnitten in ein Quadrat und 2 Dreiecke zerlegt. ☐
- Ich habe ein Dreieck mit einem Schnitt in 2 verschiedene Dreiecke zerlegt. ☐
- Mit einem Schnitt habe ich 2 Quadrate aus meinem Dreieck gemacht. ☐
- Mein Quadrat habe ich mit einem Schnitt in 3 Dreiecke zerlegt. ☐
- Mit einem Schnitt zerlege ich mein Rechteck in 2 gleich große Dreiecke. ☐

**2 Aussagen sind falsch.**

1, 2 Formen durch gerade Linien zerlegen (evtl. Faden als Hilfe auf die Figur legen). 3 Aussagen auf der Vorstellungsebene bzw. bei Bedarf durch Handlung überprüfen.



→ Schülerbuch, Seite 83

# Kernaufgaben zusammensetzen

○ **1** Setze aus Kernaufgaben zusammen.

a) 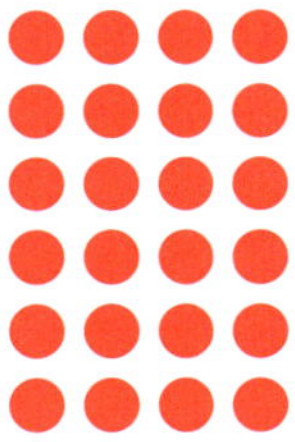

6 · 4 =
5 · 4 = 20
1 · 4 =

b) 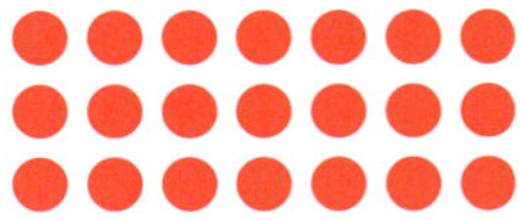

c) 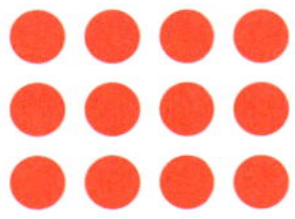

d) 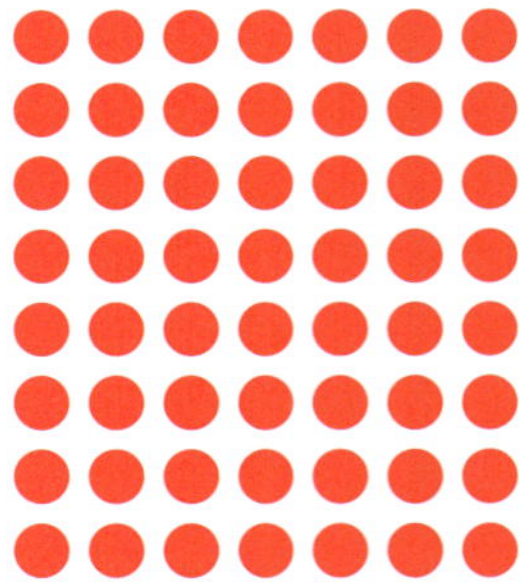

○ **2** Setze aus Kernaufgaben zusammen.

a)

3 · 6 =
2 · 6 = 12
1 · 6 = 6

3 · 8 =
2 · 8 =
1 · 8 =

7 · 4 =
5 · 4 =
2 · 4 =

7 · 8 =
5 · 8 =
2 · 8 =

b)

6 · 3 =
5 · 3 =
1 · 3 =

6 · 8 =
5 · 8 =
1 · 8 =

7 · 6 =
5 · 6 =
2 · 6 =

7 · 3 =
5 · 3 =
2 · 3 =

○ **3**

a)

4 · 7 =
5 · 7 = 35
1 · 7 = 7

4 · 9 =
5 · 9 =
1 · 9 =

8 · 3 =
10 · 3 =
2 · 3 =

8 · 4 =
10 · 4 =
2 · 4 =

b)

9 · 6 =
10 · 6 =
1 · 6 =

9 · 8 =
10 · 8 =
1 · 8 =

8 · 7 =
10 · 7 =
2 · 7 =

8 · 9 =
10 · 9 =
2 · 9 =

○ **4** Nutze die Kernaufgaben.

a) 4 · 6 =

b) 7 · 9 =

c) 8 · 6 =



**1** Aufgaben am Punktefeld ablesen und durch die Addition und Subtraktion von Kernaufgaben lösen. **2–4** Durch Addition und Subtraktion von Kernaufgaben weitere Aufgaben lösen.

→ Schülerbuch, Seite 84

# Einmaleins mit 4

○ **1** a)

| | | | |
|---|---|---|---|
| 2 · 4 = 8 | 5 · 4 = ___ | 3 · 4 = ___ | 9 · 4 = ___ |
| 1 · 4 = ___ | 0 · 4 = ___ | 8 · 4 = ___ | 7 · 4 = ___ |
| 10 · 4 = ___ | 4 · 4 = ___ | 6 · 4 = ___ | |

b) Rechne und verbinde.

| 0 · 4 | 1 · 4 | 2 · 4 | 3 · 4 | 4 · 4 | 5 · 4 | 6 · 4 | 7 · 4 | 8 · 4 | 9 · 4 | 10 · 4 |
|---|---|---|---|---|---|---|---|---|---|---|

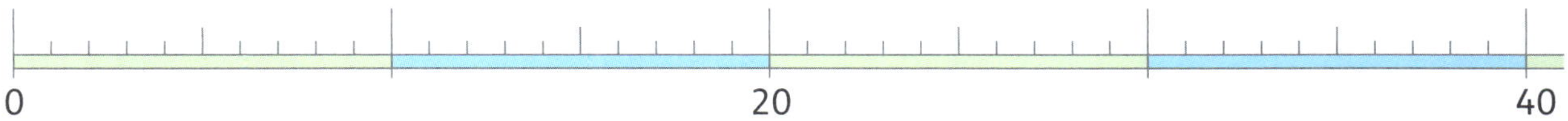


c) Trage die Ergebnisse des Einmaleins mit 4 mit Bleistift in die Tafel auf Seite 66 ein.

○ **2** a)

| | |
|---|---|
| 8 : 4 = ___ | 24 : 4 = ___ |
| 20 : 4 = ___ | 12 : 4 = ___ |
| 4 : 4 = ___ | 36 : 4 = ___ |
| 40 : 4 = ___ | 28 : 4 = ___ |
| 16 : 4 = ___ | 32 : 4 = ___ |

b)

| | |
|---|---|
| ___ : 4 = 1 | ___ : 4 = 10 |
| ___ : 4 = 2 | ___ : 4 = 3 |
| ___ : 4 = 5 | ___ : 4 = 6 |
| ___ : 4 = 4 | ___ : 4 = 9 |
| ___ : 4 = 8 | ___ : 4 = 7 |

○ **3** a) Rechne.

| | |
|---|---|
| 0 · 4 = 0 | 6 · 4 = ___ |
| 1 · 4 = 4 | 7 · 4 = ___ |
| 2 · 4 = ___ | 8 · 4 = ___ |
| 3 · 4 = ___ | 9 · 4 = ___ |
| 4 · 4 = ___ | 10 · 4 = ___ |
| 5 · 4 = ___ | |

b) Verbinde die Zahlen der Viererreihe.

○ **4** Finde Rechenfehler und korrigiere sie.

a)
9 · 2 = 18 ✓
0 · 5 = ~~5~~ 0
10 · 4 = 40

b)
12 : 2 = 6
45 : 5 = 9
32 : 4 = 7

c)
20 : 5 = 3
2 : 1 = 1
81 : 9 = 9

d)
8 · 1 = 8
6 · 4 = 28
8 · 4 = 36

e)
0 : 3 = 3
60 : 6 = 10
49 : 7 = 6

1 Multiplikationsaufgaben mit 4 lösen, ggf. Kern- bzw. Tauschaufgaben nutzen. Ergebnisse mit dem Zahlenstrahl verbinden. Ergebnisse in die 1 · 1 Tafel auf Seite 66 eintragen. 2 Divisionsaufgaben zum Einmaleins mit 4 lösen. 3 Multiplikationsaufgaben zum Einmaleins mit 4 lösen und die Ergebniszahlen miteinander verbinden. 4 Rechenfehler finden und ggf. korrigieren.



→ Schülerbuch, Seite 85

# Einmaleins mit 8

**○ 1** a)

| | | | |
|---|---|---|---|
| 2 · 8 = ___ | 5 · 8 = ___ | 3 · 8 = ___ | 9 · 8 = ___ |
| 1 · 8 = ___ | 0 · 8 = ___ | 8 · 8 = ___ | 7 · 8 = ___ |
| 10 · 8 = ___ | 4 · 8 = ___ | 6 · 8 = ___ | |

b) Rechne und verbinde.

0 · 8 | 1 · 8 | 2 · 8 | 3 · 8 | 4 · 8 | 5 · 8 | 6 · 8 | 7 · 8 | 8 · 8 | 9 · 8 | 10 · 8

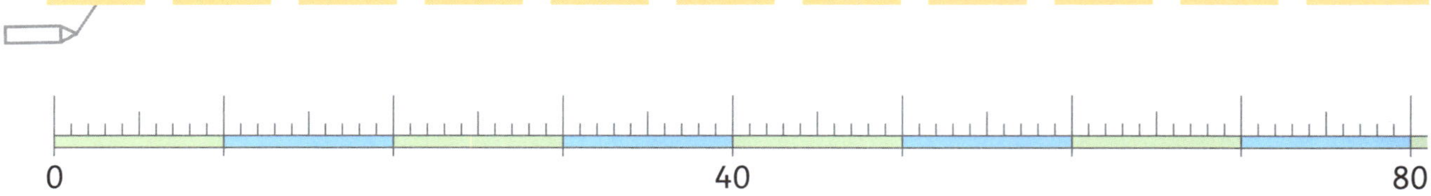


c) Trage die Ergebnisse des Einmaleins mit 8 mit Bleistift in die Tafel auf Seite 66 ein.

**○ 2** a)

| | |
|---|---|
| 16 : 8 = ___ | 24 : 8 = ___ |
| 40 : 8 = ___ | 48 : 8 = ___ |
| 8 : 8 = ___ | 72 : 8 = ___ |
| 80 : 8 = ___ | 32 : 8 = ___ |
| 64 : 8 = ___ | 56 : 8 = ___ |

b)

| | |
|---|---|
| ___ : 8 = 1 | ___ : 8 = 10 |
| ___ : 8 = 2 | ___ : 8 = 4 |
| ___ : 8 = 5 | ___ : 8 = 6 |
| ___ : 8 = 8 | ___ : 8 = 9 |
| ___ : 8 = 3 | ___ : 8 = 7 |

**○ 3** a) Rechne.

| | |
|---|---|
| 0 · 8 = 0 | 6 · 8 = ___ |
| 1 · 8 = 8 | 7 · 8 = ___ |
| 2 · 8 = ___ | 8 · 8 = ___ |
| 3 · 8 = ___ | 9 · 8 = ___ |
| 4 · 8 = ___ | 10 · 8 = ___ |
| 5 · 8 = ___ | |

b) Verbinde die Zahlen der Achterreihe.

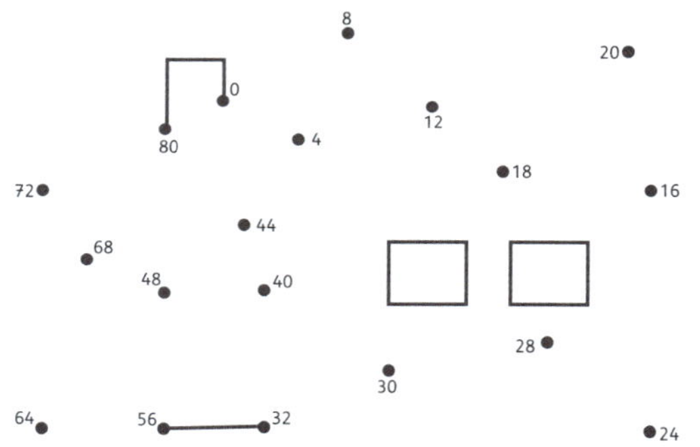


**○ 4** Schreibe Aufgabenfamilien.

a)

◒ b)

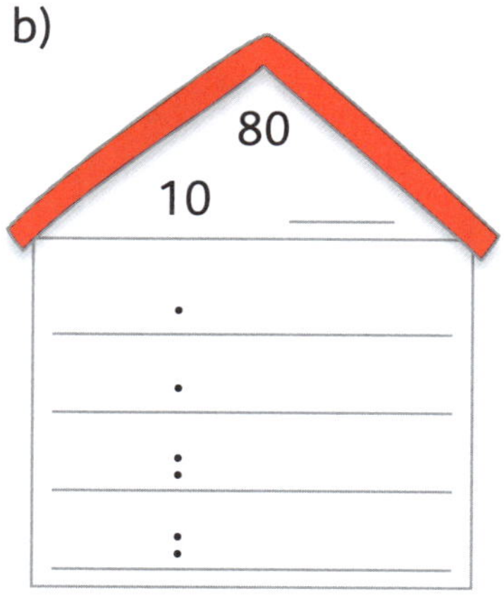


c)

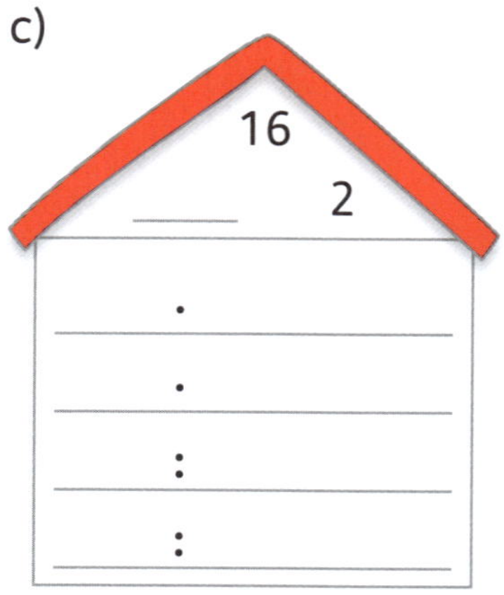




1 Multiplikationsaufgaben mit 8 lösen, ggf. Kern- bzw. Tauschaufgaben nutzen. Ergebnisse mit dem Zahlenstrahl verbinden. Ergebnisse in die 1 · 1 Tafel auf Seite 66 eintragen. 2 Divisionsaufgaben zum Einmaleins mit 8 lösen. 3 Multiplikationsaufgaben zum Einmaleins mit 8 lösen und die Ergebniszahlen miteinander verbinden. 4 Alle Aufgaben einer Familie finden.

→ Schülerbuch, Seite 86

# Malpyramiden

**1**

a)
2
2 | 1 | 2

b)
2 | 4 | 2

c)

8 | 1 | 4

d)
4 | 1 | 3

e)
5 | 2 | 5

f)
1 | 9 | 0

**2**

a)
5 | 10
 | 5 | 

b)
10 | 2
 | 2 | 

c)
5 | 5
 | 5 | 

d)
80
8 | 
 | | 5

e)
100
10 | 
 | | 10

f)
24
 | 4
3 | | 

**3** Löse durch Probieren.

a)
48
4 | | 3

b)
24
8 | | 3

c)
54
3 | | 2

d)
81
 | 3 | 

e)
40
 | 2 | 

1 Malpyramiden lösen: Die Zahlen von zwei nebeneinander liegenden Steinen miteinander multiplizieren und das Ergebnis in den darüber liegender Stein eintragen. 2 Fehlende Zahlen durch Multiplikation oder Division finden. 3 Pyramiden durch Probieren lösen. Überlegen, welche Multiplikationsaufgaben die Zahl im obersten Stein als Ergebnis haben.



→ Schülerbuch, Seite 87

# Einmaleins mit 3

**1** a)

| | | | |
|---|---|---|---|
| 2 · 3 = ___ | 5 · 3 = ___ | 3 · 3 = ___ | 9 · 3 = ___ |
| 1 · 3 = ___ | 0 · 3 = ___ | 8 · 3 = ___ | 7 · 3 = ___ |
| 10 · 3 = ___ | 4 · 3 = ___ | 6 · 3 = ___ | |

b) Rechne und verbinde.

0 · 3 | 1 · 3 | 2 · 3 | 3 · 3 | 4 · 3 | 5 · 3 | 6 · 3 | 7 · 3 | 8 · 3 | 9 · 3 | 10 · 3

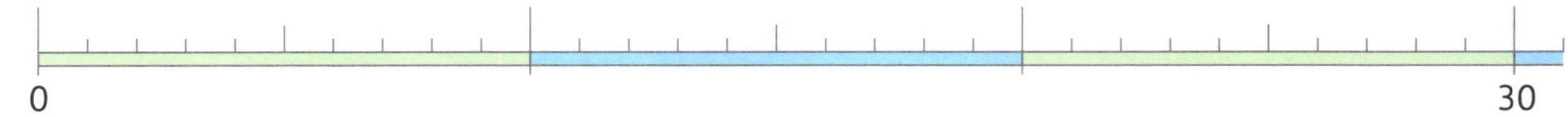


c) Trage die Ergebnisse des Einmaleins mit 3 mit Bleistift in die Tafel auf Seite 66 ein.

**2** a)

| | |
|---|---|
| 6 : 3 = ___ | 12 : 3 = ___ |
| 15 : 3 = ___ | 18 : 3 = ___ |
| 3 : 3 = ___ | 27 : 3 = ___ |
| 30 : 3 = ___ | 21 : 3 = ___ |
| 9 : 3 = ___ | 24 : 3 = ___ |

b)

| | |
|---|---|
| ___ : 3 = 1 | ___ : 3 = 10 |
| ___ : 3 = 2 | ___ : 3 = 9 |
| ___ : 3 = 5 | ___ : 3 = 6 |
| ___ : 3 = 3 | ___ : 3 = 8 |
| ___ : 3 = 4 | ___ : 3 = 7 |

**3** a) Rechne.

| | |
|---|---|
| 0 · 3 = ___ | 6 · 3 = ___ |
| 1 · 3 = ___ | 7 · 3 = ___ |
| 2 · 3 = ___ | 8 · 3 = ___ |
| 3 · 3 = ___ | 9 · 3 = ___ |
| 4 · 3 = ___ | 10 · 3 = ___ |
| 5 · 3 = ___ | |

b) Verbinde die Zahlen der Dreierreihe.

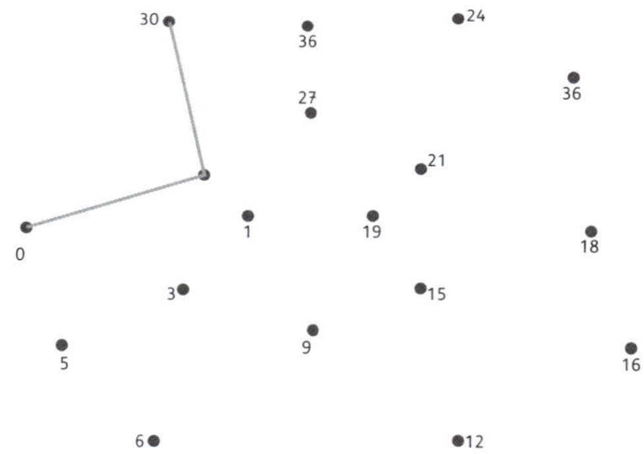


**4** Finde Rechenfehler und korrigiere sie.

a)
7 · 3 = 21 ✓
4 · 3 = 14 12
9 · 3 = 40

b)
18 : 3 = 6
50 : 5 = 10
72 : 8 = 8

c)
7 · 3 = 24
24 : 3 = 8
0 · 4 = 0

d)
10 · 3 = 30
2 · 3 = 8
6 · 2 = 12

e)
9 : 9 = 0
27 : 3 = 9
64 : 8 = 8

1 Multiplikationsaufgaben mit 3 lösen, ggf. Kern- bzw. Tauschaufgaben nutzen. Ergebnisse mit dem Zahlenstrahl verbinden. Ergebnisse in die 1 · 1 Tafel auf Seite 66 eintragen. 2 Divisionsaufgaben zum Einmaleins mit 3 lösen. 3 Multiplikationsaufgaben zum Einmaleins mit 3 lösen und die Ergebniszahlen miteinander verbinden. 4 Rechenfehler finden und ggf. korrigieren.

→ Schülerbuch, Seite 88

# Einmaleins mit 6

○ **1** a)

| | | | |
|---|---|---|---|
| 2 · 6 = ___ | 5 · 6 = ___ | 4 · 6 = ___ | 9 · 6 = ___ |
| 1 · 6 = ___ | 0 · 6 = ___ | 7 · 6 = ___ | 8 · 6 = ___ |
| 10 · 6 = ___ | 6 · 6 = ___ | 3 · 6 = ___ | |

b) Rechne und verbinde.

0 · 6 | 1 · 6 | 2 · 6 | 3 · 6 | 4 · 6 | 5 · 6 | 6 · 6 | 7 · 6 | 8 · 6 | 9 · 6 | 10 · 6

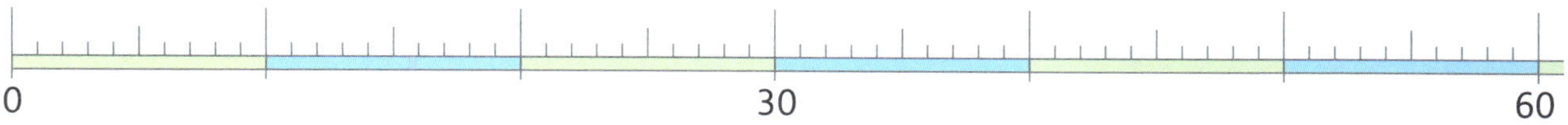


c) Trage die Ergebnisse des Einmaleins mit 6 mit Bleistift in die Tafel auf Seite 66 ein.

○ **2** a)

| | |
|---|---|
| 12 : 6 = ___ | 18 : 6 = ___ |
| 30 : 6 = ___ | 42 : 6 = ___ |
| 6 : 6 = ___ | 24 : 6 = ___ |
| 60 : 6 = ___ | 54 : 6 = ___ |
| 36 : 6 = ___ | 48 : 6 = ___ |

b)

| | |
|---|---|
| ___ : 6 = 1 | ___ : 6 = 4 |
| ___ : 6 = 2 | ___ : 6 = 10 |
| ___ : 6 = 5 | ___ : 6 = 8 |
| ___ : 6 = 6 | ___ : 6 = 7 |
| ___ : 6 = 3 | ___ : 6 = 9 |

○ **3** a) Rechne.

| | |
|---|---|
| 0 · 6 = ___ | 6 · 6 = ___ |
| 1 · 6 = ___ | 7 · 6 = ___ |
| 2 · 6 = ___ | 8 · 6 = ___ |
| 3 · 6 = ___ | 9 · 6 = ___ |
| 4 · 6 = ___ | 10 · 6 = ___ |
| 5 · 6 = ___ | |

b) Verbinde die Zahlen der Sechserreihe.

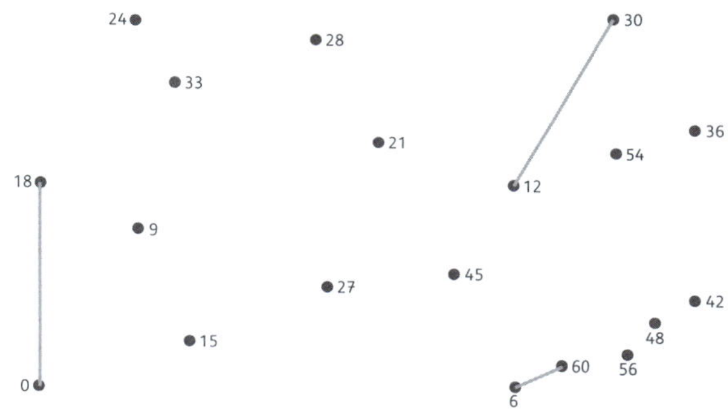


○ **4** Finde Rechenfehler und korrigiere sie.

a)
7 · 6 = 42 ✓
4 · 6 = ~~34~~ 24
9 · 6 = 40
10 · 6 = 60
2 · 6 = 8
6 · 6 = 12

b)
12 : 6 = 2
60 : 6 = 10
54 : 6 = 8
6 : 6 = 1
30 : 6 = 9
18 : 6 = 4

c)
48 : 6 = 48
42 : 6 = 8
0 : 6 = 0

1 Multiplikationsaufgaben mit 6 lösen, ggf. Kern- bzw. Tauschaufgaben nutzen. Ergebnisse mit dem Zahlenstrahl verbinden. Ergebnisse in die 1 · 1 Tafel auf Seite 66 eintragen. 2 Divisionsaufgaben zum Einmaleins mit 6 lösen. 3 Multiplikationsaufgaben zum Einmaleins mit 6 lösen und die Ergebniszahlen miteinander verbinden. 4 Rechenfehler finden und ggf. korrigieren.



→ Schülerbuch, Seite 89

# Einmaleins mit 9

**1** a)

2 · 9 = ___ 5 · 9 = ___ 4 · 9 = ___ 8 · 9 = ___

1 · 9 = ___ 0 · 9 = ___ 3 · 9 = ___ 7 · 9 = ___

10 · 9 = ___ 9 · 9 = ___ 6 · 9 = ___

b) Rechne und verbinde.

0 · 9 | 1 · 9 | 2 · 9 | 3 · 9 | 4 · 9 | 5 · 9 | 6 · 9 | 7 · 9 | 8 · 9 | 9 · 9 | 10 · 9

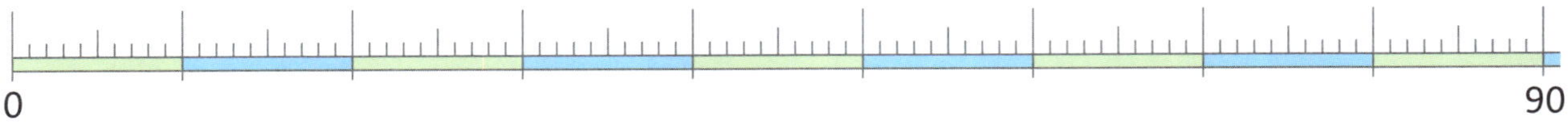


c) Trage die Ergebnisse des Einmaleins mit 9 mit Bleistift in die Tafel auf Seite 66 ein.

**2** a)

18 : 9 = ___ 27 : 9 = ___

45 : 9 = ___ 54 : 9 = ___

9 : 9 = ___ 36 : 9 = ___

90 : 9 = ___ 72 : 9 = ___

81 : 9 = ___ 63 : 9 = ___

b)

___ : 9 = 1 ___ : 9 = 10

___ : 9 = 2 ___ : 9 = 4

___ : 9 = 5 ___ : 9 = 9

___ : 9 = 3 ___ : 9 = 7

___ : 9 = 6 ___ : 9 = 8

**3** a) Rechne.

0 · 9 = ___ 6 · 9 = ___

1 · 9 = ___ 7 · 9 = ___

2 · 9 = ___ 8 · 9 = ___

3 · 9 = ___ 9 · 9 = ___

4 · 9 = ___ 10 · 9 = ___

5 · 9 = ___

b) Verbinde die Zahlen der Neunerreihe.

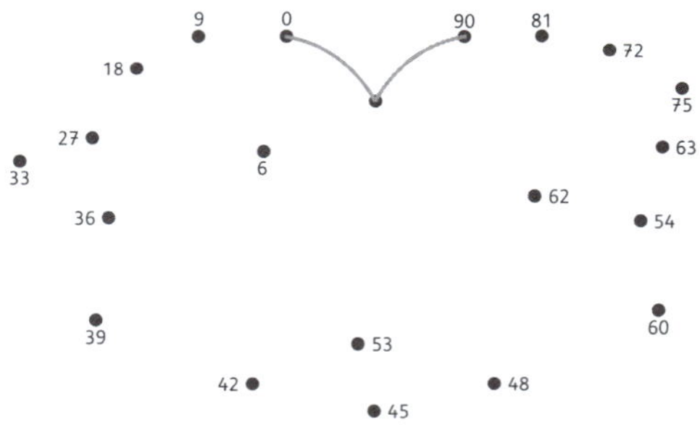


**4**

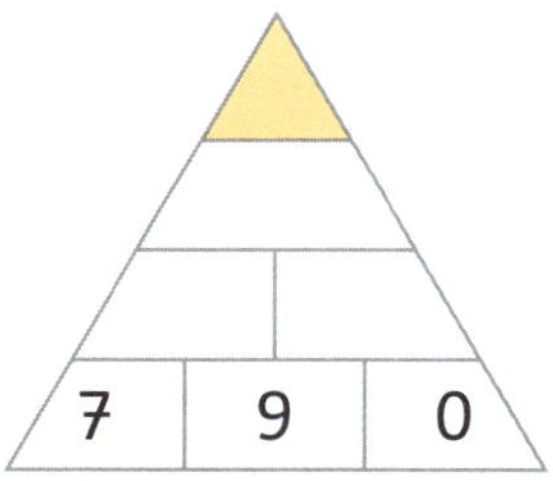


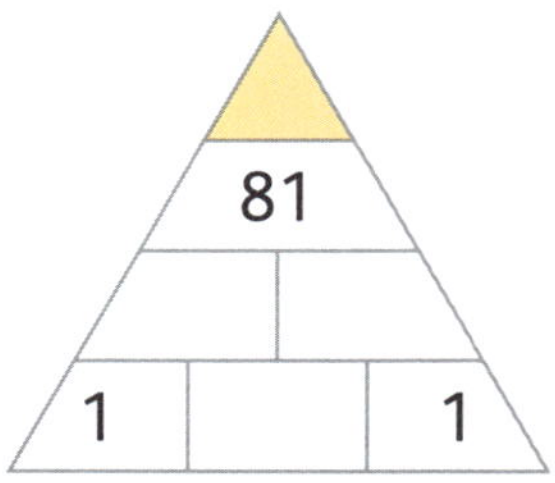


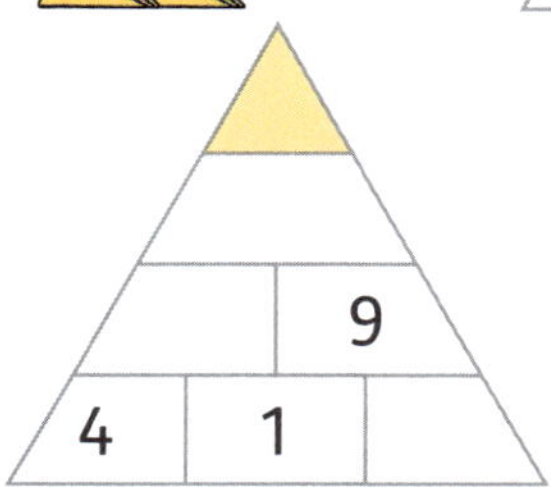


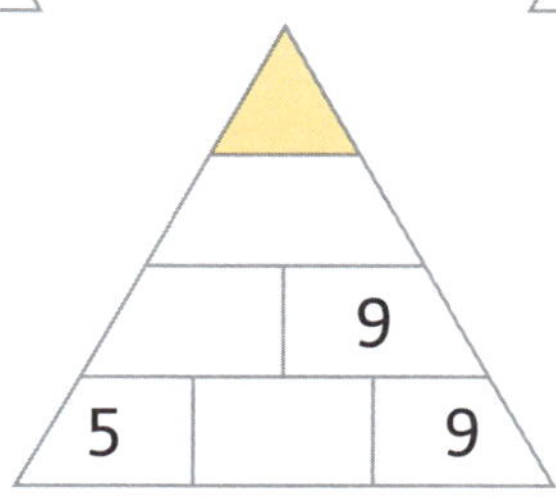


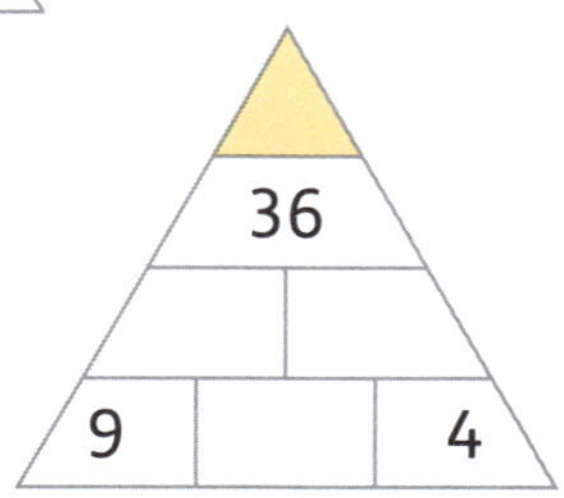




1 Multiplikationsaufgaben mit 9 lösen, ggf. Kern- bzw. Tauschaufgaben nutzen. Ergebnisse mit dem Zahlenstrahl verbinden. Ergebnisse in die 1 · 1 Tafel auf Seite 66 eintragen. 2 Divisionsaufgaben zum Einmaleins mit 9 lösen. 3 Multiplikationsaufgaben zum Einmaleins mit 9 lösen und die Ergebniszahlen miteinander verbinden. 4 Malpyramiden lösen.

→ Schülerbuch, Seite 90

# Einmaleins mit 7

**○ 1** a)

| | | | |
|---|---|---|---|
| 2 · 7 = ___ | 5 · 7 = ___ | 3 · 7 = ___ | 4 · 7 = ___ |
| 1 · 7 = ___ | 0 · 7 = ___ | 8 · 7 = ___ | 9 · 7 = ___ |
| 10 · 7 = ___ | 7 · 7 = ___ | 6 · 7 = ___ | |

b) Rechne und verbinde.

0 · 7 | 1 · 7 | 2 · 7 | 3 · 7 | 4 · 7 | 5 · 7 | 6 · 7 | 7 · 7 | 8 · 7 | 9 · 7 | 10 · 7

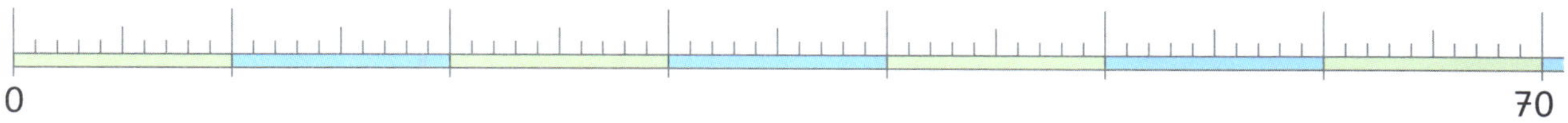


c) Trage die Ergebnisse des Einmaleins mit 7 mit Bleistift in die Tafel auf Seite 66 ein.

**○ 2** a)

| | |
|---|---|
| 14 : 7 = ___ | 21 : 7 = ___ |
| 35 : 7 = ___ | 42 : 7 = ___ |
| 7 : 7 = ___ | 28 : 7 = ___ |
| 70 : 7 = ___ | 63 : 7 = ___ |
| 49 : 7 = ___ | 56 : 7 = ___ |

b)

| | |
|---|---|
| ___ : 7 = 1 | ___ : 7 = 9 |
| ___ : 7 = 2 | ___ : 7 = 6 |
| ___ : 7 = 5 | ___ : 7 = 4 |
| ___ : 7 = 7 | ___ : 7 = 10 |
| ___ : 7 = 3 | ___ : 7 = 8 |

**○ 3** a) Rechne.

| | |
|---|---|
| 0 · 7 = ___ | 6 · 7 = ___ |
| 1 · 7 = ___ | 7 · 7 = ___ |
| 2 · 7 = ___ | 8 · 7 = ___ |
| 3 · 7 = ___ | 9 · 7 = ___ |
| 4 · 7 = ___ | 10 · 7 = ___ |
| 5 · 7 = ___ | |

b) Verbinde die Siebenerreihe.

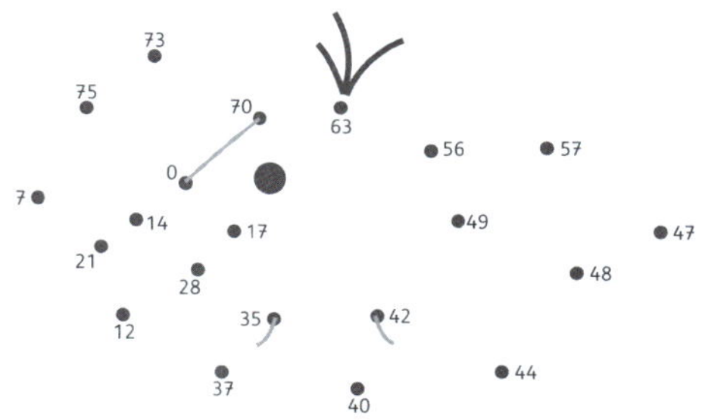


**○ 4** Trage die fehlenden Zahlen ein.

a)

| · | 3 | 6 | 9 |
|---|---|---|---|
| 3 | | | |
| 6 | | | |

b)

| · | 1 | 5 | 7 |
|---|---|---|---|
| 8 | | | |
| 9 | | | |

c)

| · | | 8 | 10 |
|---|---|---|---|
| 6 | 24 | | |
| 4 | | | |

d)

| · | 9 | 3 | |
|---|---|---|---|
| 9 | | | |
| 7 | | | 42 |

1 Multiplikationsaufgaben mit 7 lösen, ggf. Kern- bzw. Tauschaufgaben nutzen. Ergebnisse mit dem Zahlenstrahl verbinden. Ergebnisse in die 1 · 1 Tafel auf Seite 66 eintragen. 2 Divisionsaufgaben zum Einmaleins mit 7 lösen. 3 Multiplikationsaufgaben zum Einmaleins mit 7 lösen und die Ergebniszahlen miteinander verbinden. 4 Rechentabellen bearbeiten.

14



→ Schülerbuch, Seite 91

# Die 1 · 1 Tafel

○ **1** Trage die Ergebnisse aller Einmaleinsaufgaben mit Bleistift ein.
Schreibe die Ergebnisse, die du schon auswendig kannst, mit blauer Farbe nach.

| · | 0 | 1 | 2 | 3 | 4 | 5 | 6 | 7 | 8 | 9 | 10 |
|---|---|---|---|---|---|---|---|---|---|---|---|
| 0 | | 0 | | | | | | | | | |
| 1 | | | | | | | | | | | |
| 2 | | | | | | | | | | | |
| 3 | | | | | | | | | | | |
| 4 | | | | | | | | | | | |
| 5 | | | | | | | | | | | |
| 6 | | | | | | | | | | | |
| 7 | | | | | | | | | | | |
| 8 | | | | | | | | | | | |
| 9 | | | | | | | | | | | |
| 10 | | | | | | | | | | | |

○ **2** a) Welche Farbe passt? Male passend an.

Kernaufgaben | Quadratzahlaufgaben | Aufgaben mit Null

b) Zu welchen Aufgaben passen mehrere Farben?

◒ **3** Welche Zahlen zwischen 0 und 40 stehen **nicht** auf der 1 · 1 Tafel?

11,

1 Die Ergebnisse des Einmaleins mit 0 mit Bleistift eintragen. Die bereits mit Bleistift eingetragenen Ergebnisse mit Füller oder anderem blauen Stift nachspuren, sofern die zugehörige Aufgabe auswendig beherrscht wird. 2 Farbsystematik der 1 · 1 Tafel entdecken. 2, 3 Entdeckungen an der 1 · 1 Tafel entsprechend notieren.

→ Schülerbuch, Seite 92

# Malaufgaben üben

○ **1** Schreibe immer **4** Einmaleinsaufgaben zu diesen Ergebnissen.

| 6 | 12 | 8 |
|---|---|---|
| 1 · 6 = 6 | | |
| 6 · 1 = 6 | | |
| | | |
| | | |

| 18 | 20 | 24 |
|---|---|---|
| | | |
| | | |
| | | |
| | | |

| 40 | 30 | 10 |
|---|---|---|
| | | |
| | | |
| | | |
| | | |

○ **2**

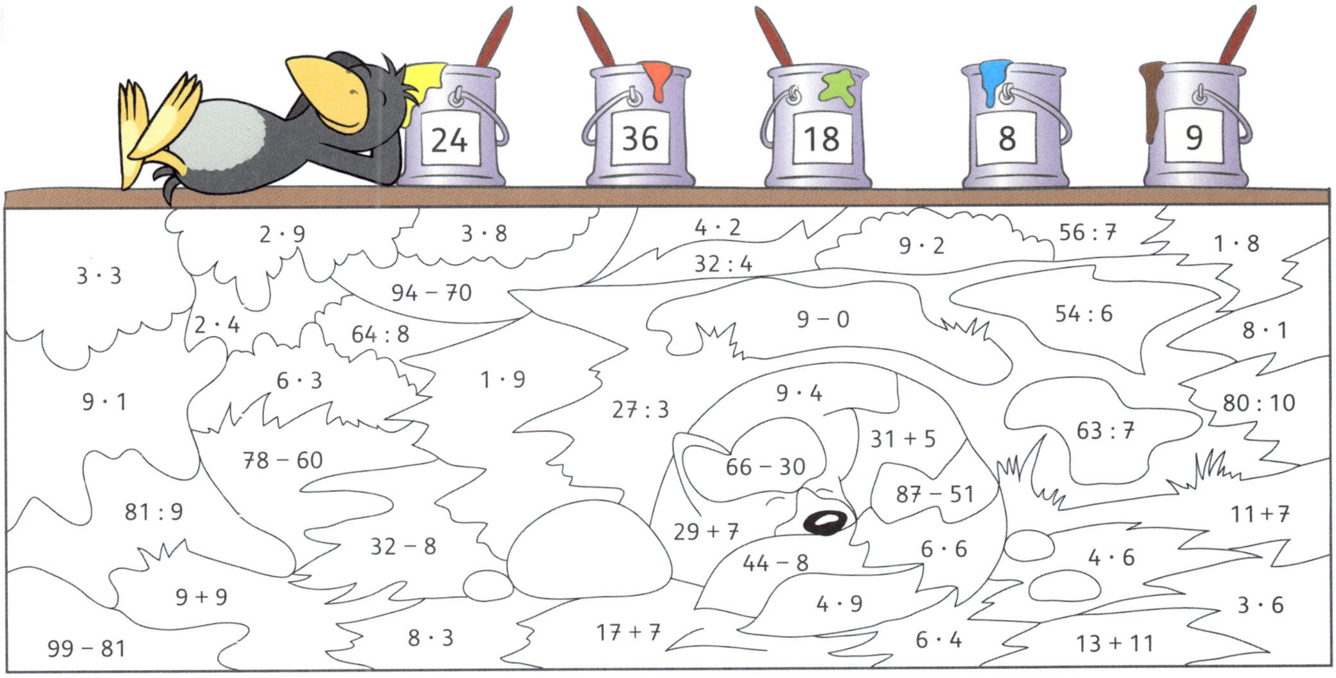


1 Jeweils vier Multiplikationsaufgaben zu den vorgegebenen Ergebnissen finden und notieren. 2 Aufgaben lösen und Felder in den Farben der Ergebniszahlen ausmalen.



→ Schülerbuch, Seite 93

# Zahlenrätsel

○ **1** Löse die Zahlenrätsel. Welche Zahlen werden gesucht?

Die Zahl gehört zum Einmaleins mit 4 und zum Einmaleins mit 7. Sie ist größer als 1. ____

Die Zahl liegt zwischen 50 und 60 und gehört zum Einmaleins mit 7. ____

Diese Zahl gehört zum Einmaleins mit 2, zum Einmaleins mit 4 und zum Einmaleins mit 3. Sie liegt zwischen 10 und 20. ____

Diese Zahl ist größer als 20. Sie gehört zum Einmaleins mit 4. An der Einerstelle steht eine 2. ____

○ **2** Verbinde die Bilder mit den richtigen Karten.

Sie haben zusammen 4 Köpfe und 12 Beine.

Sie haben zusammen 4 Köpfe und 10 Beine.

Sie haben zusammen 5 Köpfe und 18 Beine.

Sie haben zusammen 5 Köpfe und 14 Beine.

◒ **3** Wie viele Hasen und wie viele Hühner sind es?

Sie haben zusammen 8 Köpfe und 28 Beine.

L:

A: Es sind ____ Hasen und ____ Hühner.

Sie haben zusammen 6 Köpfe und 16 Beine.

L:

A: Es sind ____ Hasen und ____ Hühner.

Sie haben zusammen 8 Köpfe und 24 Beine.

L:

A: Es sind ____ Hasen und ____ Hühner.



1 Zahlenrätsel lösen: Gesuchte Ergebniszahlen aus den Einmaleinsreihen über die Multiplikation herausfinden. 2 Aufgaben über die Multiplikationsaufgaben oder durch Abzählen lösen und das Bild mit der passenden Aufgabe verbinden. 3 Aufgaben durch Probieren lösen, ggf. Skizze anfertigen.

→ Schülerbuch, Seite 94

# Teilen mit Rest

○ **1** a) Immer 3 Plättchen.

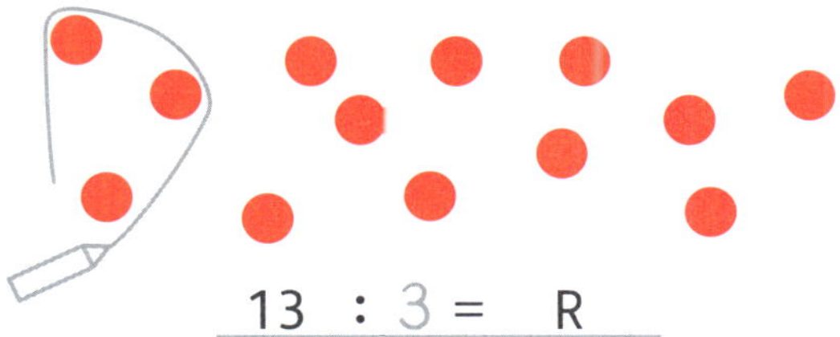

13 : 3 = R

b) Immer 4 Plättchen.

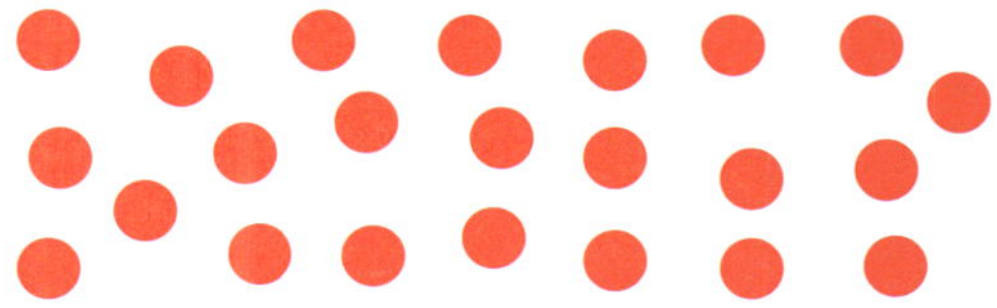

23 : = R

c) Immer 6 Plättchen.

: = R

d) Immer 7 Plättchen.

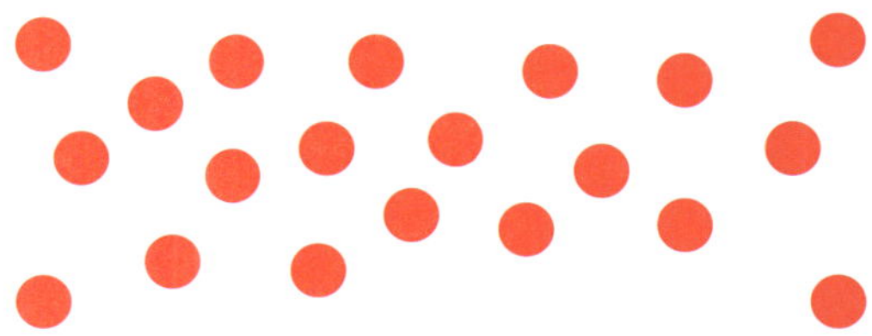

: = R

○ **2** Verteile gerecht. Zeichne und rechne.

a)

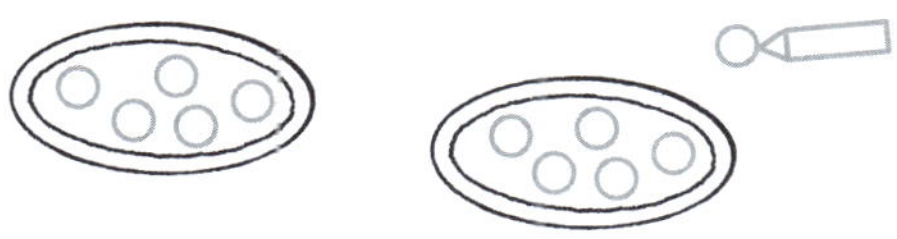

11 : 2 = R

b)

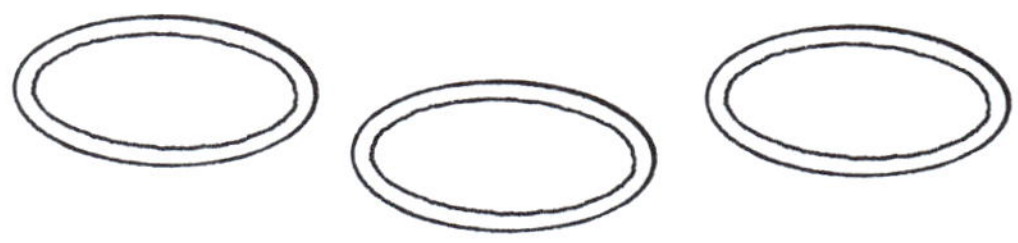

11 : 3 = R

c)

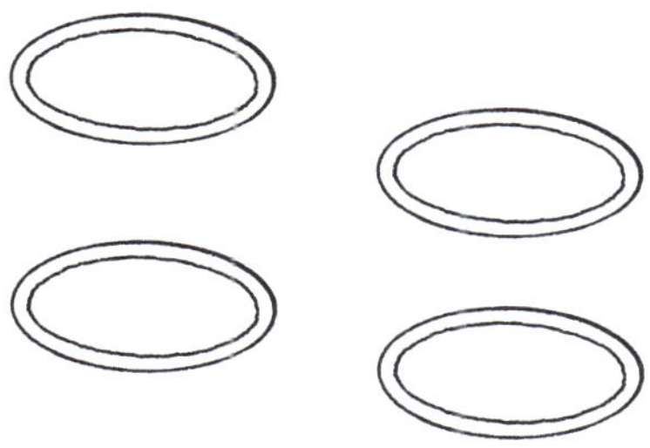

26 : = R

d)

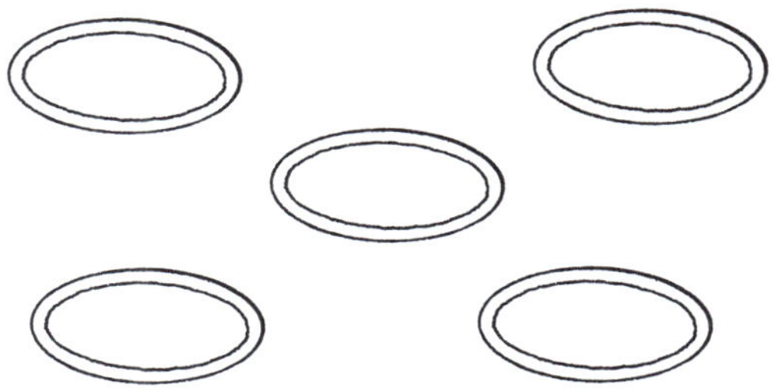

26 : = R

○ **3**

a) 10 : 2 = 5
11 : 2 = 5 R1
15 : 2 =
16 : 2 =

b) 10 : 3 =
11 : 3 =
15 : 3 =
16 : 3 =

c) 10 : 4 =
11 : 4 =
15 : 4 =
16 : 4 =

d) 24 : 6 =
26 : 6 =
27 : 6 =
29 : 6 =

e) 32 : 8 =
35 : 8 =
37 : 8 =
39 : 8 =

f) 45 : 9 =
48 : 9 =
50 : 9 =
52 : 9 =

1 Die Plättchen durch Einkreisen aufteilen. Divisionsaufgaben notieren und lösen. Ergebnisse mit Restschreibweise notieren.
2 Plättchen durch Einzeichnen auf den Tellern verteilen. Divisionsaufgaben notieren und lösen. Ergebnisse mit Restschreibweise notieren. 3 Divisionsaufgaben lösen und Ergebnisse notieren.



→ Schülerbuch, Seiten 95/96

# Der Kalender

○ **1** Schaue in einen aktuellen Kalender. Welche Wochentage sind es?

| | | | |
|---|---|---|---|
| 6. Juni | 24. Februar | 11. Oktober | 30. Januar |
| 15. Mai | 10. März | 12. November | 5. August |

○ **2** Schreibe kürzer und länger.

| | | | |
|---|---|---|---|
| 19. Juni<br>19.06. | 31. Januar | 1. September | 26. Dezember |
| 8. April<br>08.04. | 06.05. | 14.02. | 21.07. |

○ **3** Schreibe das Datum und den Wochentag.

| | | | |
|---|---|---|---|
| Sommeranfang<br>___ Juni | Neujahr<br>___ Januar | Winteranfang<br>___ Dezember | Karfreitag |

○ **4** Welcher Monat ist es?

| | | |
|---|---|---|
| Mit mir fängt das Jahr an. | Ich bin der letzte Monat im Jahr. | Ich folge 2 Monate nach dem April. |
| Mein Name fängt mit O an. | Ich bin der kürzeste Monat. | Nach mir folgen noch 4 Monate. |

1 Das Datum in einem Kalender suchen und den entsprechenden Wochentag eintragen. 2 Verschiedene Schreibweisen für die Datumsangabe verwenden. 3 Zunächst das Datum der Ereignisse notieren, dann den Wochentag in einem aktuellen Kalender suchen und eintragen. 4 Die Monatsrätsel lösen.

→ Schülerbuch, Seite 97

# Die Uhr

○ **1** Verbinde. Wie heißt das Lösungswort?

| 2.15 Uhr | 7.45 Uhr | 6.15 Uhr | 17.30 Uhr | 21.45 Uhr |
|---|---|---|---|---|
|  |  |  |  |  |
| H | E | U | R | N |

Lösungswort: ____________

○ **2** Was stimmt? Kreuze an.

Es ist ☐ 12.15 Uhr. ☐ 12.45 Uhr.

Es ist ☐ 11.00 Uhr. ☐ 12.00 Uhr.

Es ist ☐ 23.30 Uhr. ☐ 10.30 Uhr.

Es ist ☐ 9.15 Uhr. ☐ 14.45 Uhr.

Es ist ☐ 19.45 Uhr. ☐ 8.45 Uhr.

Es ist ☐ 5.30 Uhr. ☐ 6.30 Uhr.

◒ **3** Ergänze die fehlenden Zahlen.

a)

Jeder Tag hat ____ Stunden.

Jede Stunde hat ____ Minuten.

Jede Viertelstunde hat ____ Minuten.

Zwei Viertelstunden haben ____ Minuten.

● b)

In einer Woche zeigt der kleine Zeiger ____-mal auf die 6.

An einem Tag geht der kleine Zeiger ____-mal um die Uhr.

1 Uhrzeiten mit der entsprechenden Uhr verbinden. Die richtige Reihenfolge der Uhren ergibt das Lösungswort. 2 Entscheiden, welche der beiden Zeitangaben richtig ist. Die richtige Angabe ankreuzen. 3 Rätsel zur Zeit lösen.



→ Schülerbuch, Seite 100

# Die Uhr

○ **1** Wie spät ist es? Schreibe beide Uhrzeiten.

a) 

6.00 Uhr

b) 

c) 

d) 

e) 

f) 

g) 

h) 

○ **2** Zeichne die Uhrzeiten ein.

1.15 Uhr

9.45 Uhr

4.15 Uhr

20.30 Uhr

11.15 Uhr

Viertel vor 3

halb 5

um 2

Viertel nach 12

◒ **3** Zeichne in die Digitaluhr ein.

17.00 Uhr

10.30 Uhr

14.45 Uhr

Viertel vor 11

Viertel nach 9

Mitternacht



1 Uhren ablesen und beide Zeiten notieren. 2 Die angegebenen Uhrzeiten einzeichnen (Stundenzeiger in rot, Minutenzeiger in blau). 3 Striche der Digitaluhr schwarz färben, damit nur noch die entsprechende Uhrzeit in weiß zu lesen ist.

→ Schülerbuch, Seite 100

# Zeitpunkt und Zeitspanne

○ **1** Wie viel Zeit ist vergangen? Berechne die Zeitspanne.

 ____ min → 

 ____ min → 

 ____ h → 

 ____ h → 

○ **2** Berechne die Zeitspanne.

17.30 Uhr ____ min → 18.00 Uhr

9.15 Uhr ____ min → 9.30 Uhr

12.30 Uhr ____ min → 13.15 Uhr

2.00 Uhr ____ min → 2.45 Uhr

14.45 Uhr ____ h → 19.45 Uhr

8.15 Uhr ____ h → 20.15 Uhr

17.00 Uhr ____ h → 5.00 Uhr

23.30 Uhr ____ h → 5.30 Uhr

◒ **3**

a) F: Wie lange hat der Zoo geöffnet?

L: 9 . 00 Uhr ____ h ____ min → ____ . ____ Uhr

A: ________________________________________

________________________________________

b) F: Wie lange hat der Streichelzoo geöffnet?

L: ____ . ____ Uhr ____ h ____ min → ____ . ____ Uhr

A: ________________________________________

________________________________________

c) F: Wie lange kann der Rabe noch im Zoo bleiben?

L: ____ . ____ Uhr ____ h ____ min → ____ . ____ Uhr

A: ________________________________________

________________________________________

1 Uhrzeiten ablesen und einfache Zeitspannen berechnen, ggf. Lernuhr nutzen (KV). 2 Zeitspanne berechnen und ggf. an einer Lernuhr nachstellen. 3 Informationen aus dem Bild entnehmen, Zeitspanne berechnen (ggf. Lernuhr nutzen) und Antwortsatz formulieren.

17



→ Schülerbuch, Seite 101

# Körper

○ **1** Kreise in der richtigen Farbe ein.

○ **2** Male an und zähle: 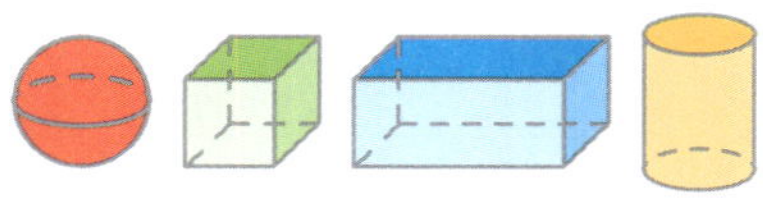

Kugel: ____ Quader: ____ Kugel: ____ Quader: ____

Würfel: ____ Zylinder: ____ Würfel: ____ Zylinder: ____

1 Dargestellte Gegenstände einer entsprechenden Körperform zuordnen und mit der passenden Farbe einkreisen.
2 Die einzelnen Körperformen der Roboter ausmalen und anschließend zählen.



→ Schülerbuch, Seite 102

# Bauen und Schauen

○ **1** Wer sieht was?

a)

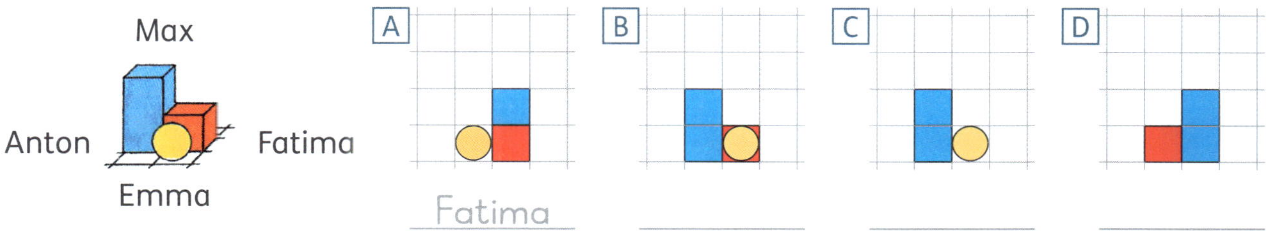


b)

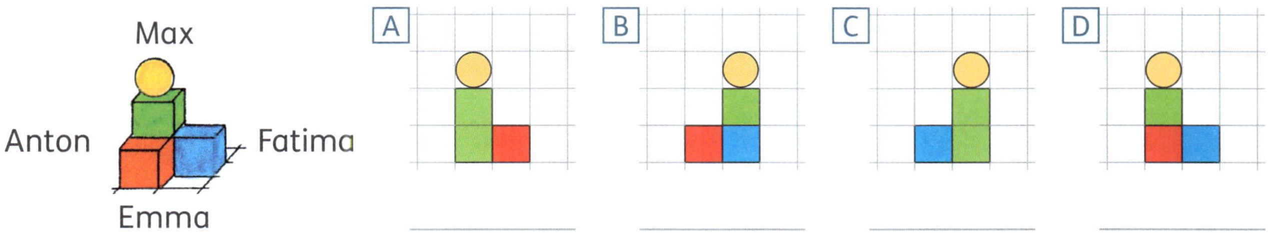


○ **2** Wer sieht was? Färbe die gezeichneten Ansichten.

a)

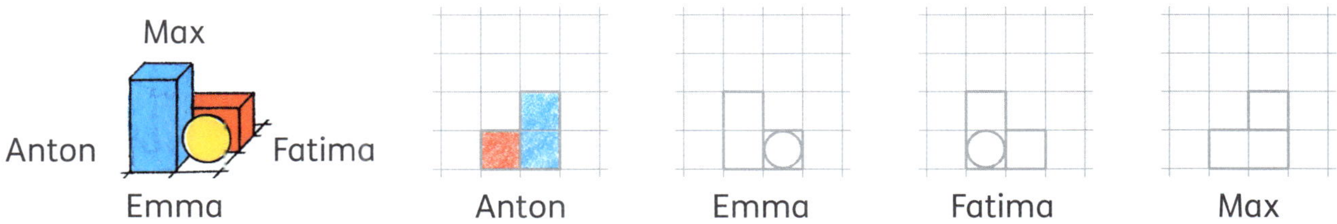


b)

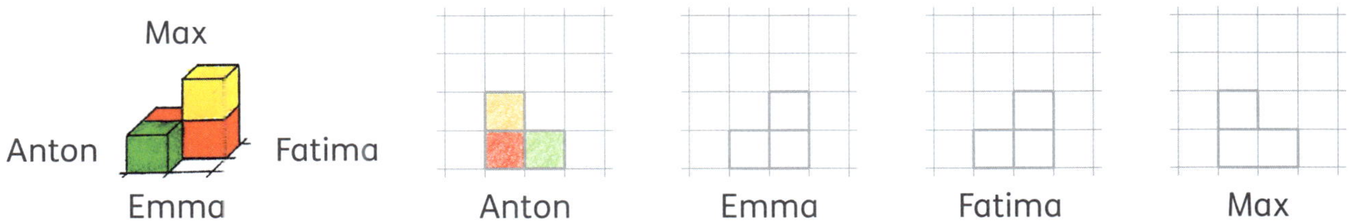


◒ **3** Wer sieht was? Zeichne die Ansichten und färbe.

a)

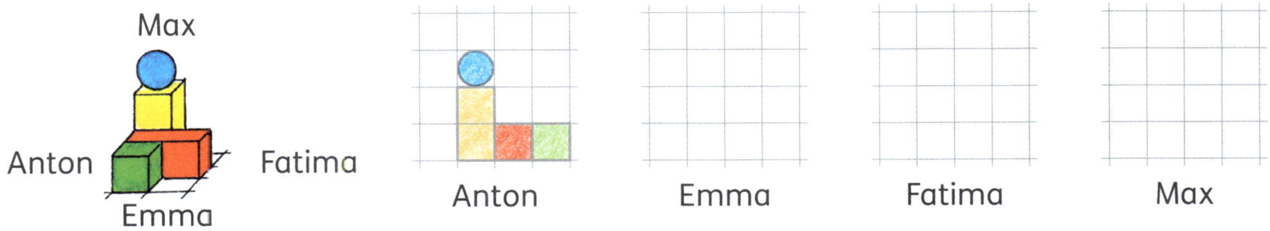


b)

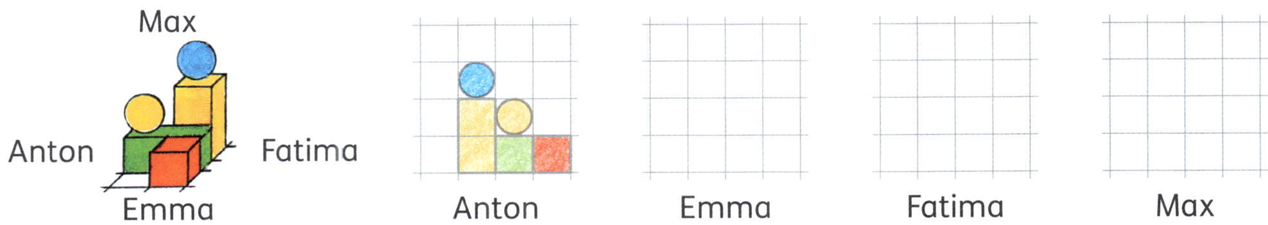


1–3 Bauwerke aus unterschiedlichen Perspektiven betrachten. 1 Zuordnen, welches Kind welche Ansicht des Bauwerkes sieht. 2, 3 Ansichten der Bauwerke vervollständigen bzw. selbst zeichnen.



→ Schülerbuch, Seite 103

# Würfelcity

○ **1** Wie viele Würfel sind es?

1
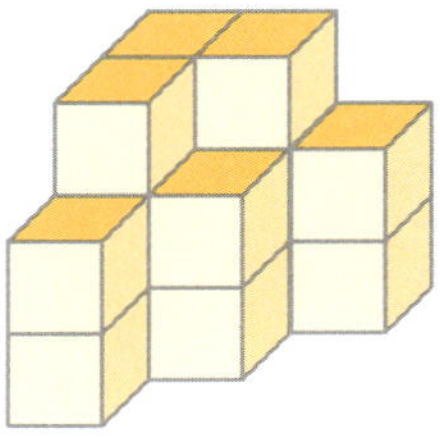
____ Würfel

2
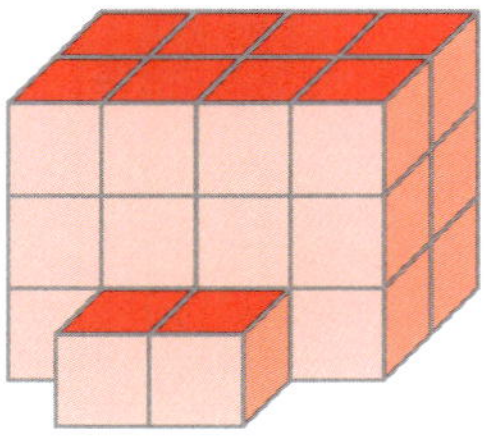
____ Würfel

3
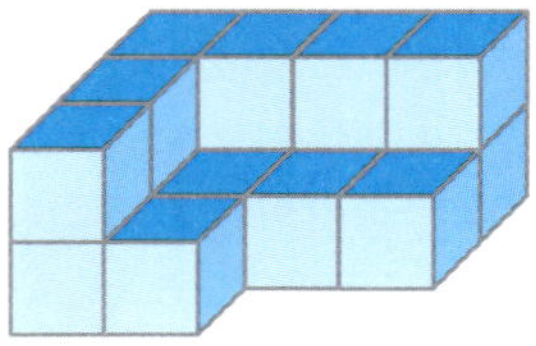
____ Würfel

4
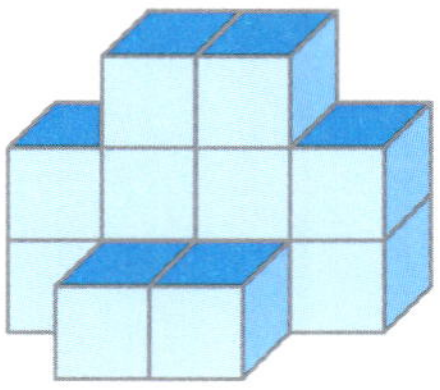
____ Würfel

5
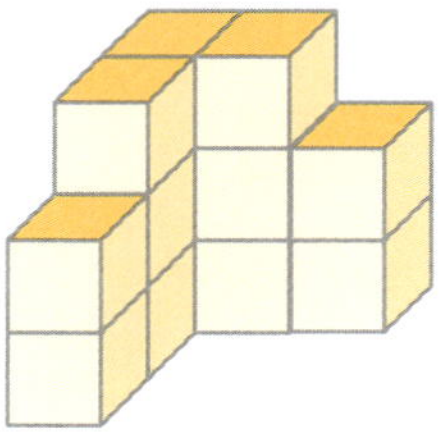
____ Würfel

6

____ Würfel

○ **2** Zu welchen Gebäuden aus Aufgabe 1 gehören diese Baupläne?

a)

| | | | |
|---|---|---|---|
| 3 | 3 | 3 | 3 |
| 3 | 3 | 3 | 3 |
| | 1 | 1 | |

Gebäude Nr. ____

b)

| | | | |
|---|---|---|---|
| 2 | 2 | 2 | 2 |
| 2 | 1 | 1 | 1 |
| 2 | 1 | | |

Gebäude Nr. ____

c)

| | | |
|---|---|---|
| 3 | 3 | 2 |
| 3 | 2 | |
| 2 | | |

Gebäude Nr. ____

d)

| | | |
|---|---|---|
| 3 | 3 | 2 |
| 3 | | |
| 2 | | |

Gebäude Nr. ____

e)

| | | |
|---|---|---|
| 3 | 2 | 1 |
| 2 | 2 | 1 |
| 1 | 1 | 1 |

Gebäude Nr. ____

f)

| | | | |
|---|---|---|---|
| 2 | 3 | 3 | 2 |
| | 1 | 1 | |

Gebäude Nr. ____

◒ **3** Zeichne Baupläne zu diesen Gebäuden.

a)

b)

c)
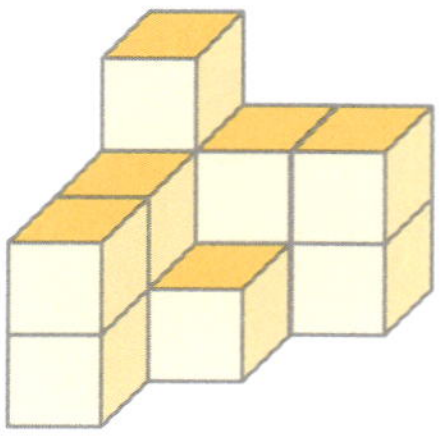



1 Würfelanzahlen der Gebäude 1 bis 6 bestimmen. Dabei auch verdeckte Würfel berücksichtigen. 2 Baupläne den Würfelgebäuden aus Aufgabe 1 zuordnen. 3 Passende Baupläne zu den vorgegebenen Würfelgebäuden schreiben.

18

→ Schülerbuch, Seiten 104/105

# Bauen und Rechnen

○ **1** Wie viele Würfel sind es? Schreibe zu jedem Gebäude eine Rechnung.

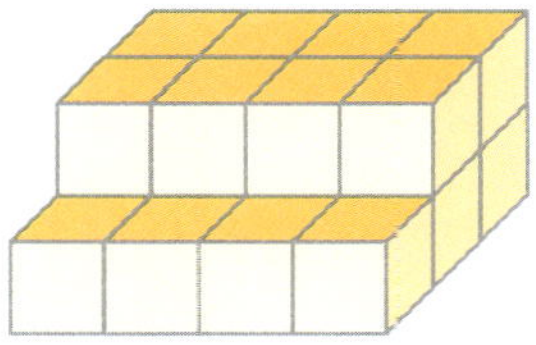

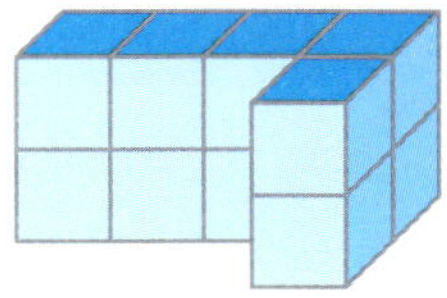

4 · 5 = 20

○ **2** Wie viele Würfel sind es?

Findest du verschiedene Rechnungen?

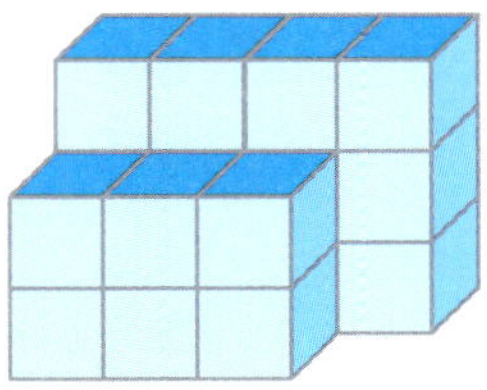

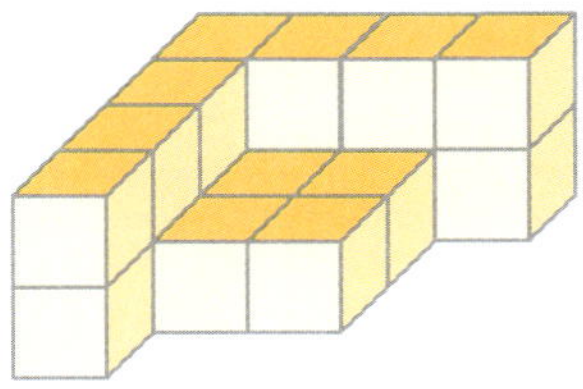

● **3** Welche Rechnung passt zu welchem Gebäude? Färbe.

6 · 3 = 18 | 4 + 5 + 5 + 4 = 18 | 20 − 2 = 18 | 8 + 6 + 2 + 2 = 18 | 3 · 6 = 18

10 + 5 + 3 = 18 | 9 + 3 + 6 = 18 | 10 + 6 + 2 = 18 | 10 + 8 = 18

1, 2 Anzahlen der Würfel in den Gebäuden durch eigene Rechnungen bestimmen. Dabei auch verdeckte Würfel berücksichtigen. 3 Verschiedene Rechnungen den Gebäuden zuordnen. Hier sind verschiedene Zuordnungen möglich.



→ Schülerbuch, Seite 106

# Wiederholung

**○ 1**

a) 6 · 3 = ____
9 · 4 = ____
3 · 9 = ____
4 · 8 = ____
8 · 6 = ____

b) 4 · 7 = ____
3 · 4 = ____
7 · 8 = ____
9 · 6 = ____
8 · 9 = ____

c) 16 : 4 = ____
49 : 7 = ____
30 : 5 = ____
81 : 9 = ____
24 : 6 = ____

d) 27 : 9 = ____
35 : 7 = ____
72 : 8 = ____
48 : 6 = ____
36 : 4 = ____

**○ 2**

a) 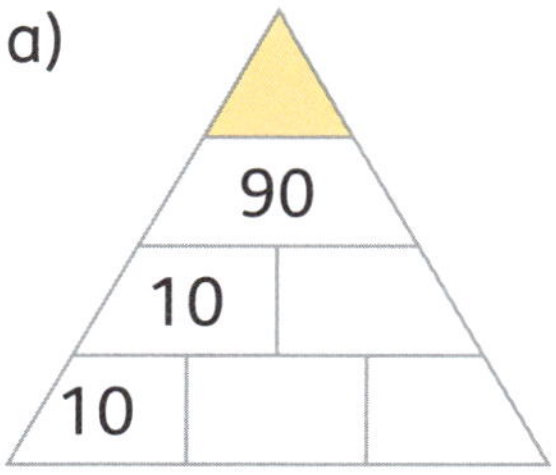


b) 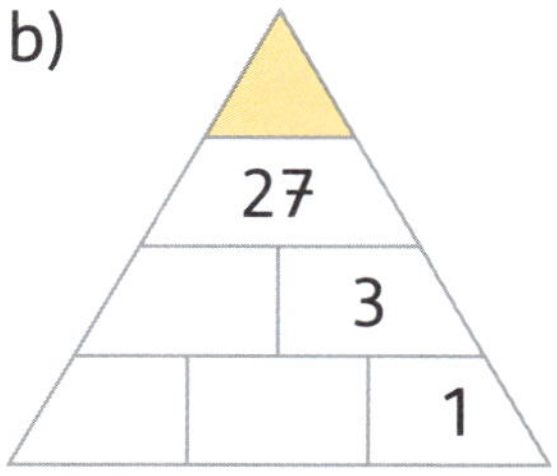


c) 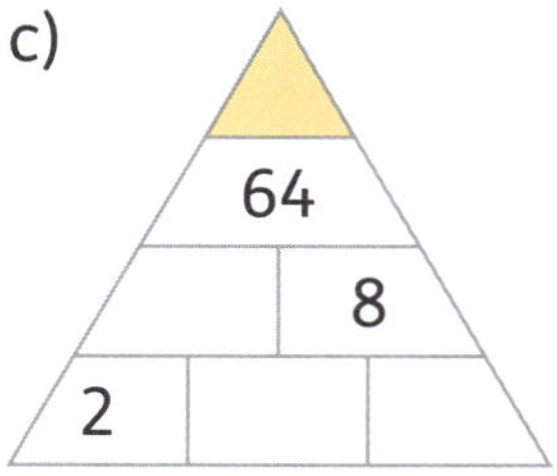


d) 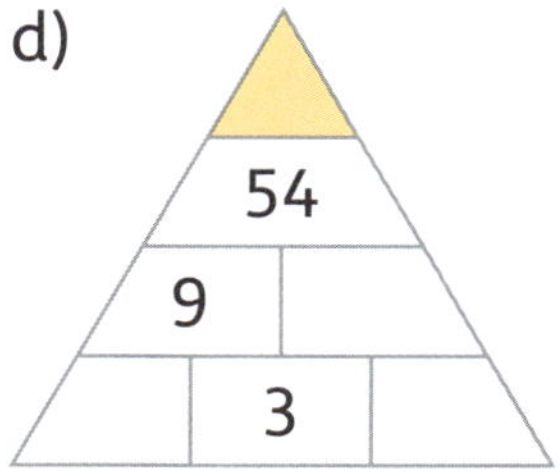


**○ 3** Zeichne die Uhrzeiten ein.

a) 

17.45 Uhr

b) 

4.30 Uhr

c) 

1.00 Uhr

d) 

12.45 Uhr

**○ 4**

a) 57 + 7 = ____
53 + 9 = ____
58 + 8 = ____
57 + 5 = ____

b) 76 + 7 = ____
77 + 8 = ____
75 + 8 = ____
79 + 6 = ____

c) 67 − 9 = ____
63 − 7 = ____
61 − 7 = ____
62 − 8 = ____

d) 52 − 5 = ____
54 − 9 = ____
51 − 8 = ____
52 − 7 = ____

62 62 64 64 66 | 81 83 83 85 85 | 54 54 56 56 58 | 43 45 45 47 47

**○ 5**

a) Alvas Mutter backt für den Kindergeburtstag 2 Bleche Muffins mit je 9 Muffins.

F: Wie viele Muffins backt sie?

L:

b) Alva hat 24 Sticker.
Sie schenkt jedem Gast 4 Stück.

F:



1 Multiplikations- und Divisionsaufgaben lösen. 2 Malpyramiden lösen. 3 Die angegebenen Uhrzeiten einzeichnen.
4 Aufgaben mit Zehnerübergang wiederholen. 5 Sachaufgaben lösen (F-L-A).
Selbst einschätzen, wie erfolgreich die Seite bearbeitet wurde, und entsprechenden Raben ankreuzen.

→ Schülerbuch, Seiten 108/109

# Knobeln mit Blickrichtungen

○ **1** Paula hat bei ihrem Jahrmarktbesuch viele Fotos gemacht.
Von wo hat sie welches Foto gemacht?

1 Standort der Fotografin den Fotos zuordnen.



→ Schülerbuch, Seite 11

# Plusaufgaben mit Zehnerübergang

○ **1** Schreibe Plusaufgaben und löse.

a)

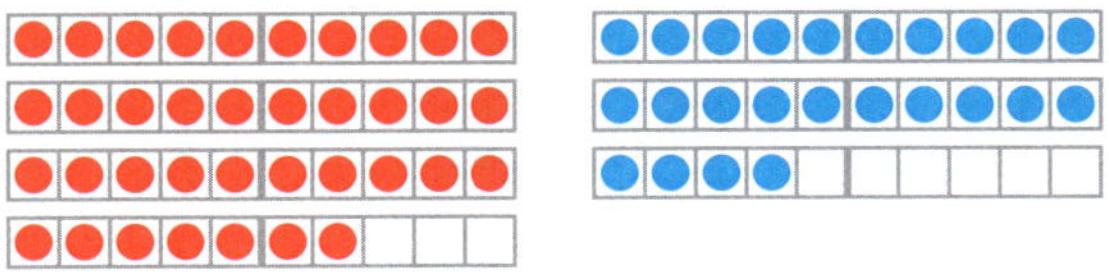

37 + 24 = ____

b)

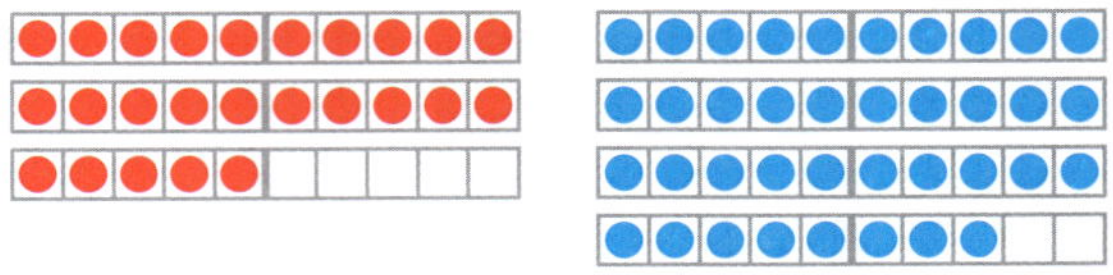

___ + ___ = ___

c)

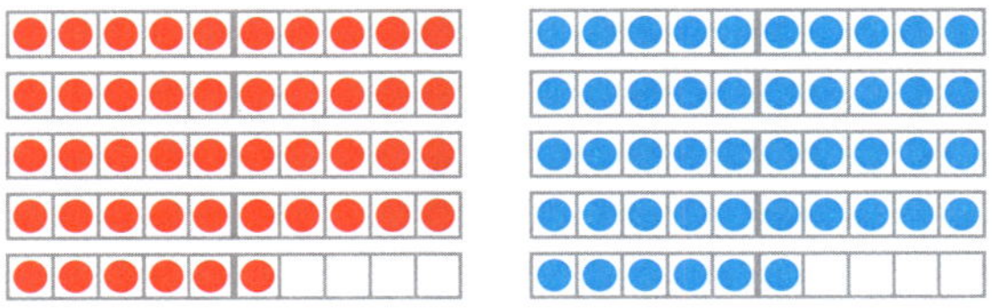

___ + ___ = ___

d)

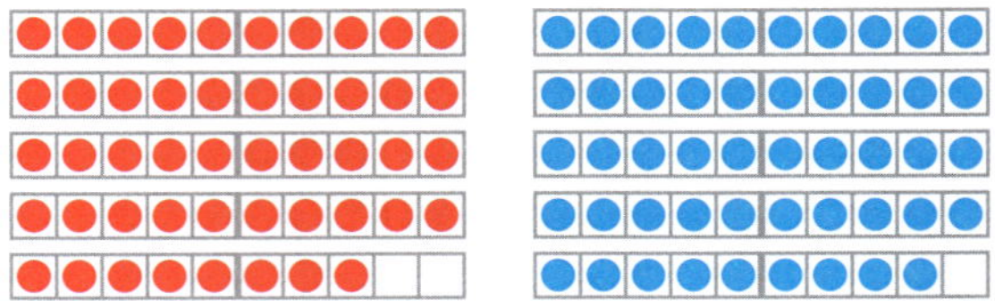

___ + ___ = ___

○ **2** Wie rechnest du? Notiere deinen Rechenweg.

a) **43 + 28**

4 3 + 2 8 =

b) **65 + 29**

c) **16 + 47**

○ **3** Rechne und kontrolliere mit den Lösungszahlen.

a) 28 + 14 = 42
17 + 25 = ____
27 + 19 = ____
29 + 17 = ____
19 + 26 = ____

~~42~~ 42 44 45 46 46

b) 26 + 26 = ____
39 + 17 = ____
18 + 38 = ____
29 + 25 = ____
39 + 26 = ____

52 52 54 56 56 65

c) 46 + 19 = ____
29 + 38 = ____
37 + 26 = ____
15 + 48 = ____
74 + 19 = ____

63 63 65 67 67 93

○ **4**

| 27 | 9 | 18 |
| --- | --- | --- |

| 19 | 26 | 21 |
| --- | --- | --- |

| 33 | 19 | 10 |
| --- | --- | --- |

| 29 | 17 | 28 |
| --- | --- | --- |

| 17 | 15 | 29 |
| --- | --- | --- |

| 18 | 29 | 8 |
| --- | --- | --- |

| 36 | 19 | 18 |
| --- | --- | --- |

| 14 | 28 | 21 |
| --- | --- | --- |



1 Additionsaufgaben aus den Darstellungen ablesen, notieren und lösen. 2 Additionsaufgabe und Lösungsweg notieren. 3 Additionsaufgaben lösen, Ergebnisse mit den Lösungszahlen kontrollieren. Eine Zahl bleibt jeweils übrig. 4 Fehlende Zahlen in den Zahlenmauern durch Addition ergänzen.

→ Schülerbuch, Seite 112

# Plusaufgaben üben

○ **1** Trage die fehlenden Zahlen ein.

| + | 16 | 28 | 35 |
|---|---|---|---|
| 15 | | | |
| 38 | | | |
| 57 | | | |

| + | 14 | 26 | 39 |
|---|---|---|---|
| 27 | | | |
| 48 | | | |
| 59 | | | |

| + | | | 18 |
|---|---|---|---|
| 32 | 59 | | |
| 45 | | 54 | |
| 66 | | | |

○ **2**

a) 13 + 18 + 20 = ____
22 + 7 + 26 = ____
15 + 20 + 18 = ____
10 + 16 + 25 = ____
28 + 19 + 8 = ____

b) 35 + 27 + 12 = ____
17 + 42 + 19 = ____
47 + 18 + 11 = ____
33 + 16 + 29 = ____
28 + 25 + 23 = ____

c) 27 + 39 + 26 = ____
38 + 19 + 39 = ____
16 + 59 + 19 = ____
29 + 28 + 37 = ____
35 + 18 + 39 = ____

51 51 53 53 55 55 — 74 74 76 76 78 78 — 92 92 94 94 96 96

○ **3**

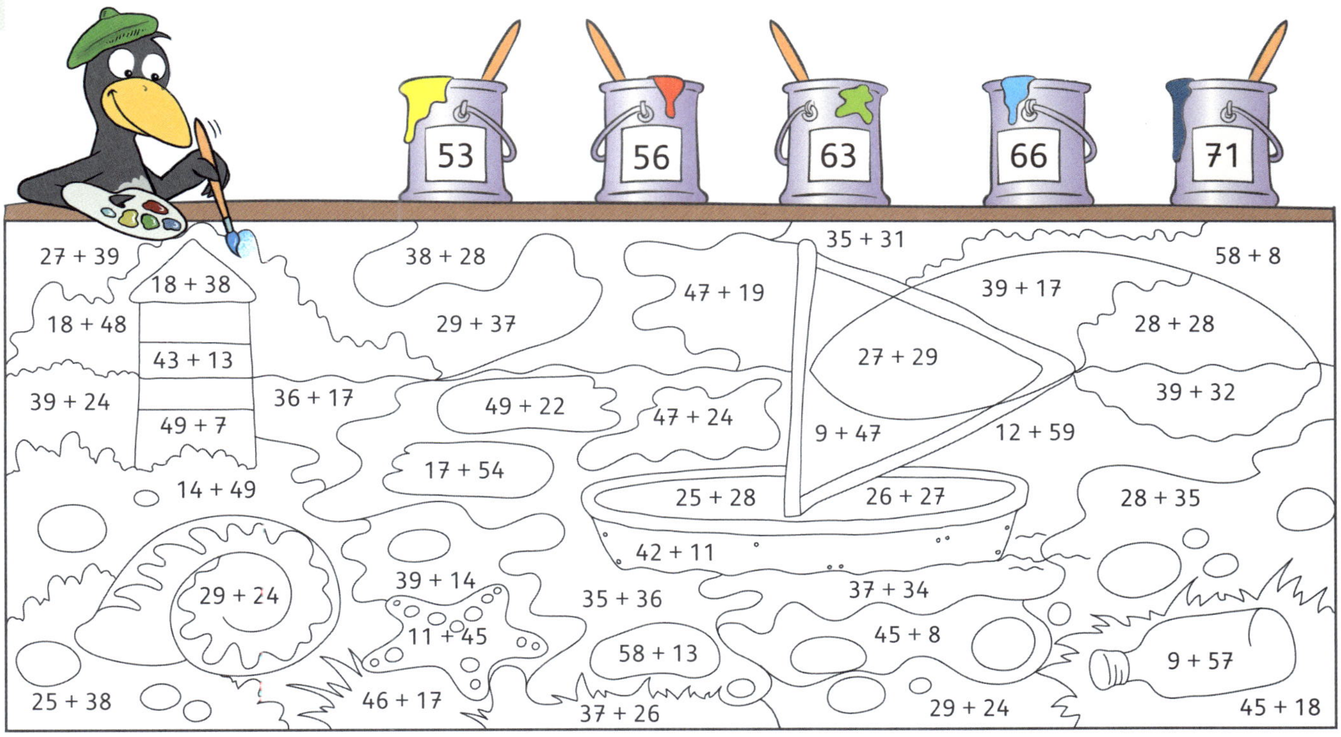


◒ **4** <, > oder =?

a) 19 + 25 ◯> 43
37 + 16 ◯ 63
24 + 27 ◯ 50
34 + 38 ◯ 72
28 + 49 ◯ 79

b) 52 ◯ 36 + 16
80 ◯ 45 + 36
51 ◯ 36 + 25
95 ◯ 58 + 33
82 ◯ 37 + 46

c) 35 + 29 ◯ 17 + 47
24 + 57 ◯ 38 + 44
18 + 66 ◯ 57 + 25
37 + 37 ◯ 19 + 55
28 + 45 ◯ 37 + 38

1 Ergebnisse der Additionsaufgaben in die Tabellen eintragen. 2 Additionsaufgaben mit drei Summanden lösen. 3 Aufgaben lösen und Felder in den Farben der Ergebniszahlen ausmalen. 4 Aufgaben lösen, bei Bedarf Zwischenschritte mit Ergebnissen notieren.



→ Schülerbuch, Seite 113

# Minusaufgaben mit Zehnerübergang

○ **1** Schreibe Minusaufgaben und löse.

a) 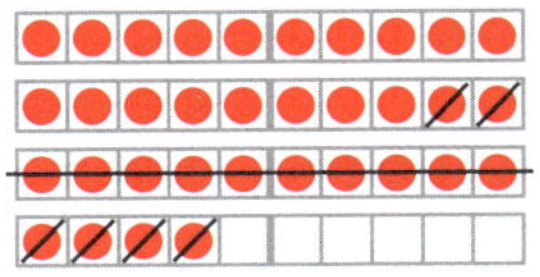

34 – 16 = ____

b) 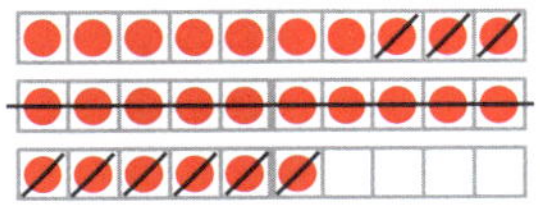

___ – ___ = ___

c) 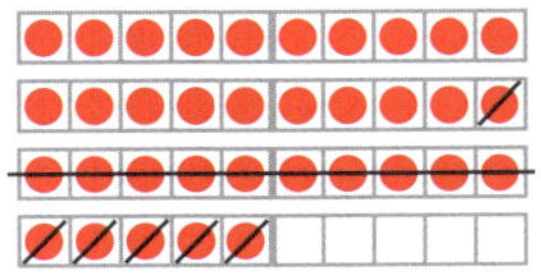

___ – ___ = ___

d) 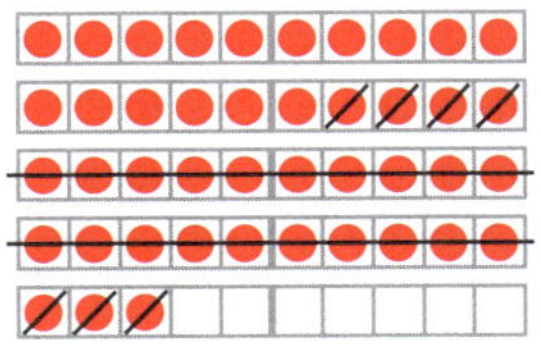

___ – ___ = ___

e) 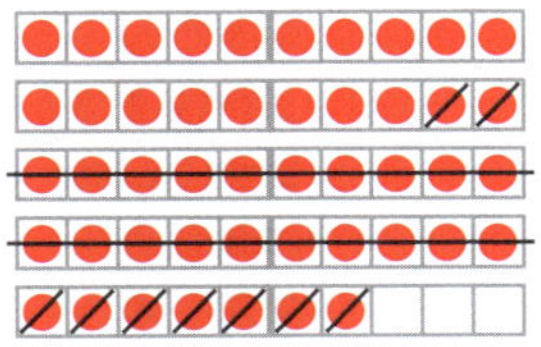

___ – ___ = ___

f) 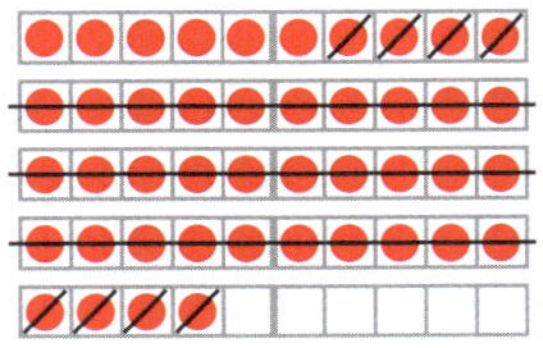

___ – ___ = ___

○ **2** Wie rechnest du? Notiere deinen Rechenweg.

a) 44 – 27

44 – 27 =

b) 92 – 64

c) 51 – 35

○ **3** Rechne und kontrolliere mit den Lösungszahlen.

a) 42 – 18 = 24
54 – 26 = ____
63 – 39 = ____
52 – 26 = ____
61 – 32 = ____

b) 72 – 35 = ____
81 – 46 = ____
64 – 25 = ____
94 – 59 = ____
93 – 48 = ____

c) 44 – 26 = ____
82 – 68 = ____
51 – 37 = ____
95 – 77 = ____
72 – 55 = ____

~~24~~ 24 26 28 28 29 35 35 37 39 39 45 14 14 16 17 18 18

○ **4**

| | | |
|---|---|---|
| | 65 | |
| 28 | | |
| 19 | | |

| | | |
|---|---|---|
| | 98 | |
| 52 | | |
| 17 | | |

| | | |
|---|---|---|
| | 92 | |
| | 49 | |
| | | 30 |

| | | |
|---|---|---|
| | 93 | |
| | 47 | |
| | | 29 |

| | | |
|---|---|---|
| | 57 | |
| 48 | | |
| | 9 | |

| | | |
|---|---|---|
| | 82 | |
| | 17 | |
| 53 | | |

| | | |
|---|---|---|
| | | |
| | 36 | |
| 15 | 28 | |

| | | |
|---|---|---|
| | | |
| 53 | | |
| 36 | | 29 |



1 Subtraktionsaufgaben aus den Darstellungen ablesen, notieren und lösen. 2 Subtraktionsaufgabe und Lösungsweg notieren. 3 Subtraktionsaufgaben lösen, Ergebnisse mit den Lösungszahlen kontrollieren. Eine Zahl bleibt jeweils übrig. 4 Fehlende Zahlen in den Zahlenmauern durch Subtraktion oder Ergänzen finden.

→ Schülerbuch, Seite 114

# Minusaufgaben üben

○ **1** Trage die fehlenden Zahlen ein.

| − | 26 | 37 | 45 |
|---|---|---|---|
| 55 | | | |
| 62 | | | |
| 83 | | | |

| − | 38 | 46 | 57 |
|---|---|---|---|
| 64 | | | |
| 72 | | | |
| 91 | | | |

| − | 17 | | |
|---|---|---|---|
| 53 | | | |
| 85 | | 46 | |
| 94 | | | 56 |

○ **2**

a) 84 − 29 − 30 = ____
55 − 28 − 2 = ____
74 − 20 − 19 = ____
83 − 28 − 40 = ____
68 − 7 − 26 = ____

15 15 25 25 35 35

b) 75 − 28 − 21 = ____
89 − 17 − 26 = ____
94 − 37 − 11 = ____
87 − 23 − 28 = ____
69 − 24 − 19 = ____

26 26 36 36 46 46

c) 82 − 17 − 48 = ____
92 − 29 − 26 = ____
81 − 39 − 25 = ____
91 − 15 − 49 = ____
92 − 27 − 38 = ____

17 17 27 27 37 37

○ **3**

◒ **4** <, > oder =?

a) 74 − 25 ◯ 50
47 − 29 ◯ 20
54 − 37 ◯ 16
82 − 48 ◯ 34
65 − 19 ◯ 45

b) 19 ◯ 36 − 18
45 ◯ 85 − 38
18 ◯ 62 − 44
32 ◯ 91 − 57
30 ◯ 54 − 25

c) 52 − 17 ◯ 84 − 49
63 − 27 ◯ 56 − 19
46 − 28 ◯ 93 − 76
67 − 39 ◯ 73 − 47
96 − 48 ◯ 81 − 33

1 Ergebnisse der Subtraktionsaufgaben in die Tabellen eintragen. 2 Subtraktionsaufgaben mit zwei Subtrahenden lösen. 3 Aufgaben lösen und Felder in den Farben der Ergebnszahlen ausmalen. 4 Aufgaben lösen, bei Bedarf Zwischenschritte mit Ergebnissen notieren.

20



→ Schülerbuch, Seite 115

# Plus und Minus: vorteilhaft rechnen

**○ 1** Welche Aufgabe hilft dir zur Lösung der gelben Aufgaben? Verbinde und löse.

44 + 29
- 43 + 30 = ____
- 44 + 30 − 1 = ____

75 − 19
- 75 − 20 + 1 = ____
- 76 − 20 = ____

53 + 39
- 53 + 40 − 1 = ____
- 52 + 40 = ____

62 − 49
- 63 − 50 = ____
- 62 − 50 + 1 = ____

27 + 49
- 26 + 50 = ____
- 27 + 50 − 1 = ____

93 − 39
- 93 − 40 + 1 = ____
- 94 − 40 = ____

**○ 2** Trage die fehlenden Zahlen ein.

| + | 39 | 29 | 19 | 9 | 38 |
|---|---|---|---|---|---|
| 26 | | | | | |
| 35 | | | | | |
| 11 | | | | | |
| 42 | | | | | |

| − | 19 | 9 | 59 | 28 | 39 |
|---|---|---|---|---|---|
| 72 | | | | | |
| 86 | | | | | |
| 68 | | | | | |
| 99 | | | | | |

**◒ 3**

25 + 19 | 54 − 19 | 17 + 29 | 83 − 39 | 16 + 19 | 85 − 39

19 + 16 | 29 + 15 | 16 + 28 | 84 − 49

93 − 49 | 18 + 28

94 − 48 | 72 − 28 | 19 + 27

63 − 28

___ + ___ | ___ − ___ | ___ + ___ | ___ − ___

8 + 19 + 19 | 93 − 9 − 49 | 19 + 18 + 9 | 92 − 19 − 29



1 Für jeweils eine Rechenstrategie entscheiden, verbinden und lösen. 2 Additions- und Subtraktionsaufgaben in den Tabellen lösen. Dabei Rechenvorteile nutzen. 3 Aufgaben lösen und Felder in den Farben der Ergebniszahlen ausmalen. Passende Aufgaben für das Ergebnis 68 finden.

→ Schülerbuch, Seiten 116/117

# Klecksaufgaben

○ **1** Finde die fehlenden Zahlen.

a) 26 + 15 = 41
▢ + 23 = 67
57 + 35 = ▢
32 + ▢ = 73
▢ + 47 = 91

b) 69 − ▢ = 23
▢ − 17 = 18
44 − 44 = ▢
▢ − 9 = 72
72 − ▢ = 34

c) 54 + ▢ = 80
▢ − 28 = 9
▢ + 20 = 82
85 − 72 = ▢
99 − ▢ = 19

○ **2** Finde die fehlenden Zahlen und Rechenzeichen.

a) 48 ▢ 26 = 74
54 − ▢ = 19
24 ▢ 18 = 6
38 + 38 = ▢
▢ − 15 = 8

b) 16 + 54 = ▢
53 ▢ 28 = 81
42 ▢ 42 = 84
▢ − 23 = 39
32 + 19 = ▢

c) 86 − ▢ = 23
▢ + 15 = 99
77 − ▢ = 35
46 + 28 = ▢
▢ − 12 = 80

◒ **3** a) 52 ▢ 6 = 46
64 ▢ 34 = 98
76 − ▢ = 47
15 + 77 = ▢2
71 ▢ 8 = ▢3

b) 2▢ ▢ 46 = 67
89 ▢ 9 = 98
▢6 + 26 = 62
64 − 31 = ▢3
▢ ▢ 51 = 62

c) 65 ▢ ▢2 = 3
47 ▢ 34 = 8▢
4▢ − 25 = ▢1
▢2 + 47 = 9▢
23 ▢ 59 = ▢

◒ **4** Finde die fehlenden Zahlen und Rechenzeichen.

21 + ▢

78 − ▢

25 ▢ 27

▢ − 26

▢ + 16

19 ▢ 25

▢ − 42

93 − ▢1

8 ▢ 28

8 + ▢

81 − ▢

99 − 13 − ▢

▢ + 23 + 23

28 + ▢ + 31

1 Die fehlenden Zahlen unter den Klecksen finden und notieren. 2–4 Fehlende Zahlen und Rechenzeichen unter den Klecksen finden und notieren. 4 Karten und Eimer derselben Farbe gehören zusammen.



→ Schülerbuch, Seite 118

# Zauberdreiecke

○ **1** a)

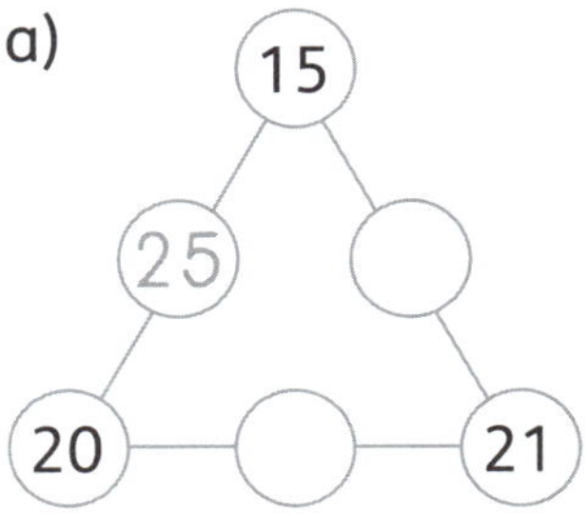


Immer **60**.

b)

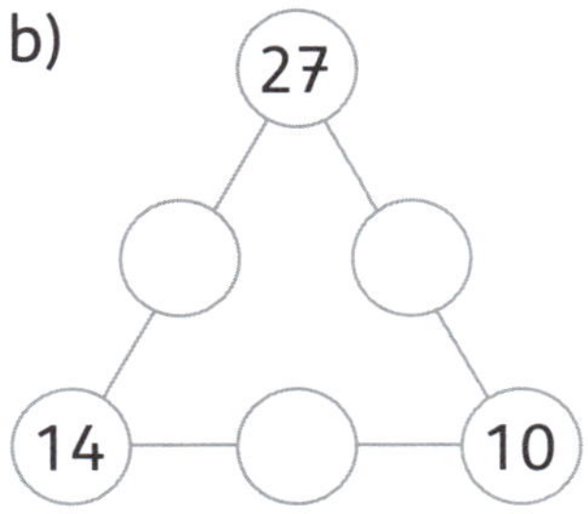


Immer **60**.

c)

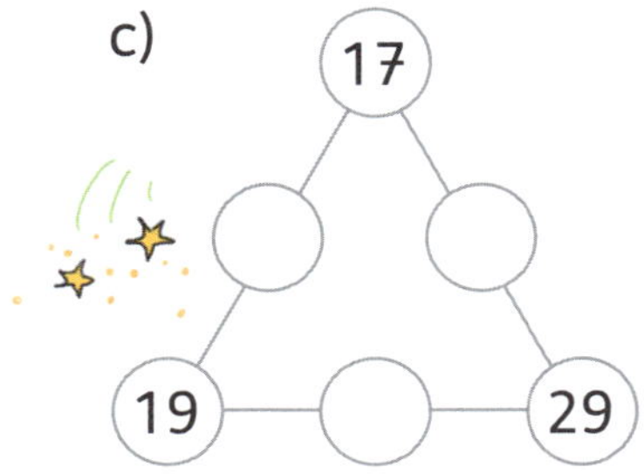


Immer **60**.

d)

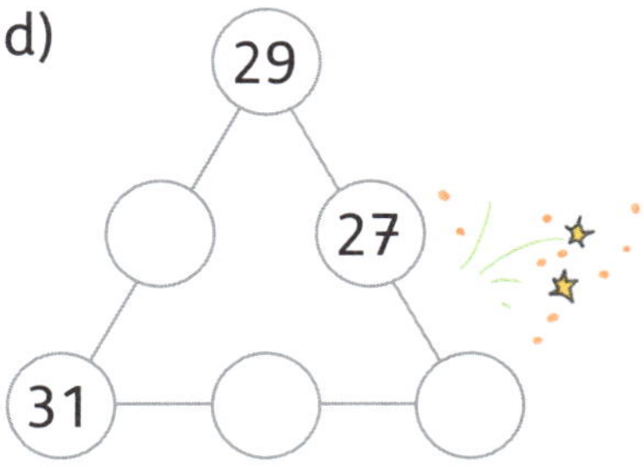


Immer **70**.

e)

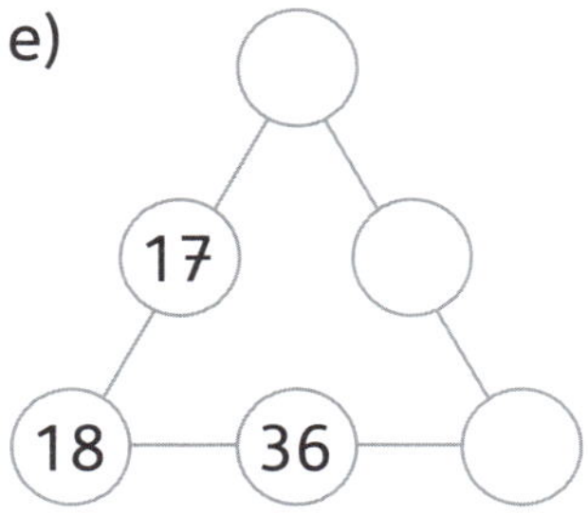


Immer **70**.

f)

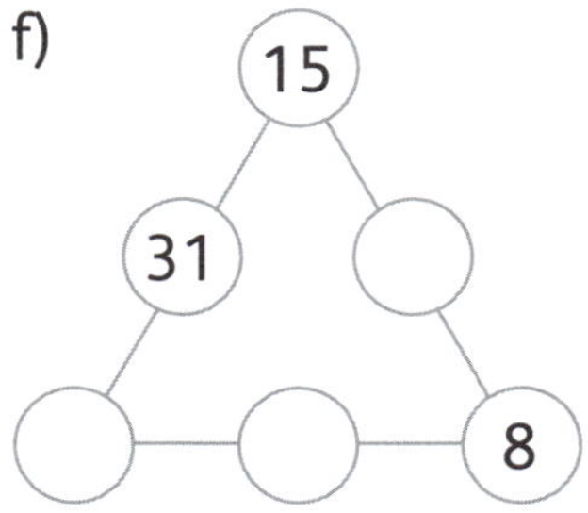


Immer **70**.

◒ **2** Löse durch Probieren.

a)

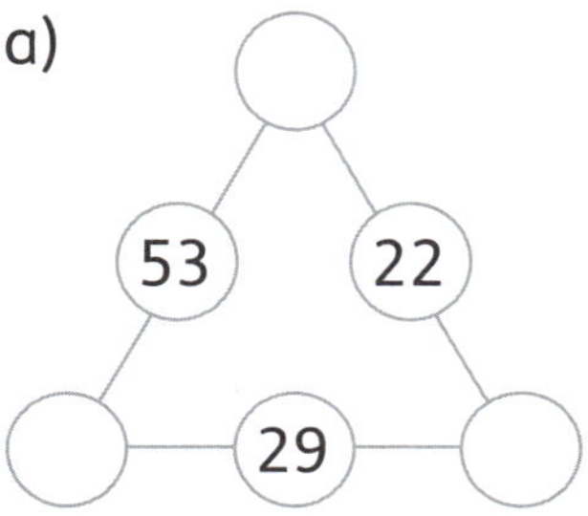


Immer **80**.

b)

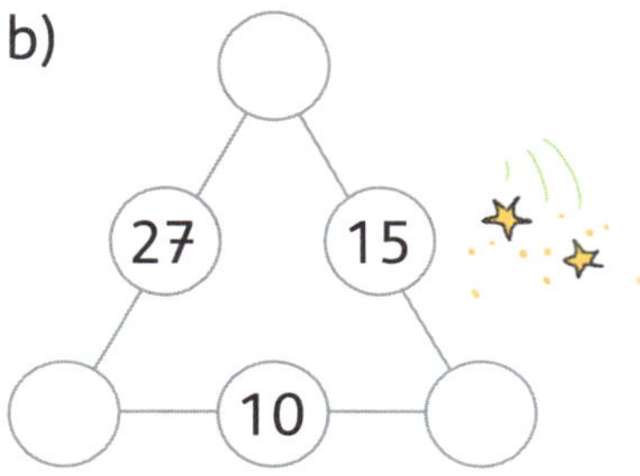


Immer **80**.

c)

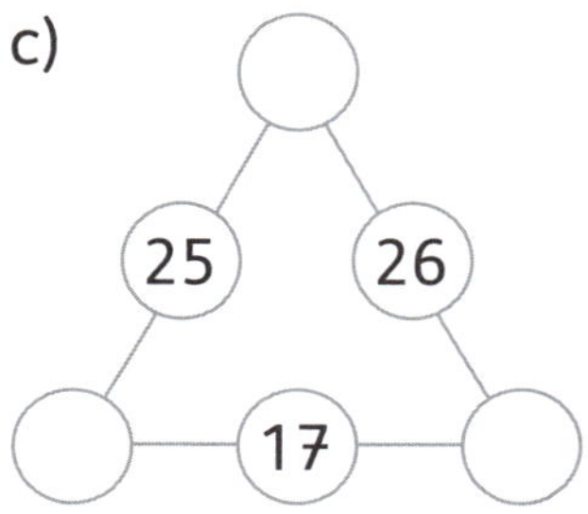


Immer **80**.

● **3** Bilde Zauberdreiecke. Löse durch Probieren.

a) 27 28 29
30 31 33

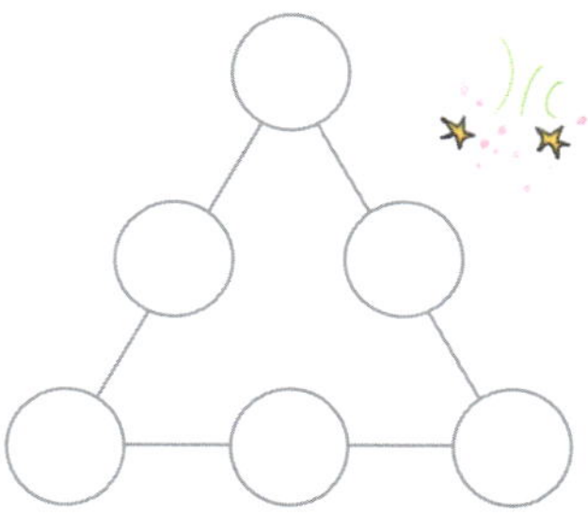

Immer **90**.

b) 15 18 23
26 49 52

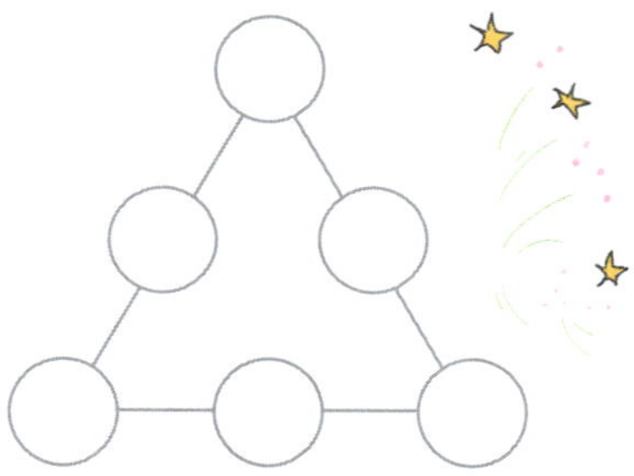

Immer **90**.

1 Fehlende Zahlen in den Zauberdreiecken ergänzen. Keine Zahl darf mehrfach verwendet werden. Die Seiten eines Zauberdreiecks sind summengleich (= Zauberzahl). 2, 3 Zauberdreiecke durch Probieren lösen, dazu ggf. Zahlenkarten verwenden.



→ Schülerbuch, Seite 119

# Mit Zahlenmauern experimentieren

○ **1** Finde zuerst die Zahlen in den farbigen Feldern und trage sie ein.
Überprüfe durch Rechnen.

a)

| | | | |
|---|---|---|---|
| 50 | | | |
| | | | |
| 6 17 10 | 8 17 10 | 6 19 10 | 6 17 12 |

b)

| | | | |
|---|---|---|---|
| 65 | | | |
| | | | |
| 11 21 12 | 9 21 12 | 11 19 12 | 11 21 10 |

c)

| | | | |
|---|---|---|---|
| 72 | 76 | 76 | 76 |
| | | | |
| 11 18 25 | _ 18 25 | 11 _ 25 | 11 18 _ |

d)

| | | | |
|---|---|---|---|
| 84 | 76 | 76 | 76 |
| | | | |
| 12 27 18 | _ 27 18 | 12 _ 18 | 12 27 _ |

◒ **2** Was gehört zusammen?
Verbinde.

| | |
|---|---|
| Wird die Zahl im linken Grundstein um 1 größer, ... | dann wird die Zahl im Deckstein um 2 kleiner. |
| Wird die Zahl im rechten Grundstein um 1 kleiner, ... | dann wird die Zahl im Deckstein um 1 kleiner. |
| Wird die Zahl in allen Grundsteinen um 1 größer, ... | dann wird die Zahl im Deckstein um 4 größer. |
| Wird die Zahl im mittleren Grundstein um 1 kleiner, ... | dann wird die Zahl im Deckstein um 2 größer. |
| Wird die Zahl im mittleren Grundstein um 1 größer, ... | dann wird die Zahl im Deckstein um 1 größer. |

1 Erkenntnisse über Zahlenmauern anwenden. Vermutungen anstellen und durch Rechnen überprüfen. 2 Weitere Erkenntnisse über Zahlenmauern anwenden und die entsprechenden Aussagen miteinander verbinden.



→ Schülerbuch, Seiten 120/121

# Euro und Cent

**1** <, > oder =?

a) 3 € 50 Cent ◯ 5 € 30 Cent
6 € 20 Cent ◯ 2 € 90 Cent
9 € 10 Cent ◯ 8 € 80 Cent
6 € 70 Cent ◯ 1 € 10 Cent

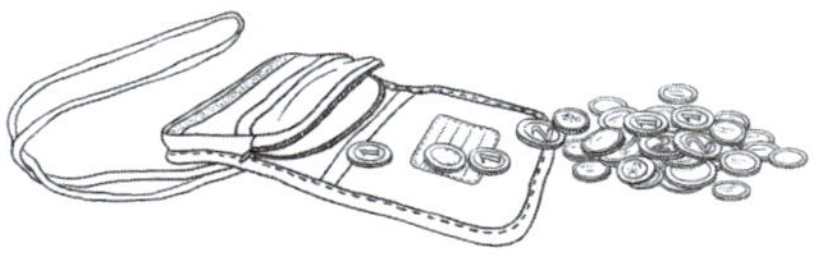

b) 8 € 70 Cent ◯ 8 € 70 Cent
4 € 50 Cent ◯ 1 € 90 Cent
7 € 30 Cent ◯ 6 € 60 Cent
1 € 20 Cent ◯ 4 € 50 Cent

**2** Ordne nach der Größe. Beginne mit dem kleinsten Betrag.

~~92 ct~~ | 1 € 2 ct | 1 € 99 ct | 100 ct | 2 € 80 ct

92 ct, ______________________________

**3** Wie viel Geld hat jedes Kind?
Schreibe in Euro und Cent.

____ € ____ ct | __________ | __________ | __________

Wer hat die meisten Münzen? __________
Wer hat das meiste Geld? __________
Wer hat die wenigsten Münzen? __________
Wer hat das wenigste Geld? __________

**4** Finde jeweils 4 Möglichkeiten …

a) mit Scheinen.

| Betrag | gelegt |
|---|---|
| 70 € | 50 € 10 € ☐ |
| 70 € | |
| 70 € | |
| 70 € | |

b) mit Münzen.

| Betrag | gelegt |
|---|---|
| 1 € | |
| 1 € | |
| 1 € | |
| 1 € | |



1 Geldbeträge miteinander vergleichen. 2 Geldbeträge ordnen. 3 Beträge ermitteln und miteinander vergleichen. Verstehen, dass die größte/kleinste Anzahl der Münzen nicht mit dem höchsten/niedrigsten Geldwert korrelieren muss. 4 Die gleichen Beträge auf verschiedene Weise darstellen. Möglichkeiten in einer Tabelle notieren.

→ Schülerbuch, Seiten 122/123

# Sachrechnen mit Geld

○ **1** a) Lena kauft sich ein Lineal, ein Heft und einen Radiergummi.

F: Wie viel muss sie bezahlen?

L:

A:

b) Robin kauft sich 2 Füller und ein Heft.

F: Wie viel muss er bezahlen?

L:

A:

| Schreibwaren Schmid Preisliste | |
|---|---|
| Buntstifte | 4 € 90 ct |
| Füller | 7 € 50 ct |
| Lineal | 2 € 20 ct |
| Heft | 80 ct |
| Radiergummi | 90 ct |

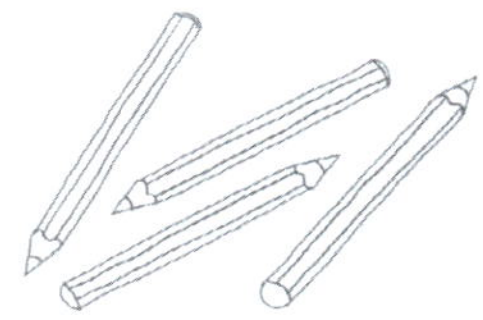

◒ **2** Der Rabe kauft sich Buntstifte und ein Lineal. Er zahlt mit einem 10-Euro-Schein.

F: Wie viel Geld bekommt er zurück?

L:

A:

◒ **3** a) Lukas hat 14 €.
Es sind 2 Scheine und 2 Münzen.

b) Nora hat 57 €.
Es sind 2 Scheine und 2 Münzen.

● c) Yasmin hat 12 €.
Es sind 2 Scheine und 3 Münzen.

d) Niko hat 42 €.
Es sind 3 Scheine und 4 Münzen.

1, 2 Sachaufgaben mit Geld lösen (Frage, Lösung, Antwort). 3 Beträge nach Vorgaben darstellen.



→ Schülerbuch, Seite 124

# Kombinieren

○ **1** Der Rabe möchte für sein Boot ein großes und ein kleines Segel basteln.
Er hat dafür Stoff in 4 verschiedenen Farben.
Male die Segel in der Tabelle aus und löse.

a) Er überlegt, wie viele verschiedene Möglichkeiten er hat.
Es gibt ____ Möglichkeiten.

b) Beide Segel sollen die gleiche Farbe haben.
Es gibt ____ Möglichkeiten.

c) Beide Segel sollen unterschiedliche Farben haben.
Es gibt ____ Möglichkeiten.

d) Kein Segel soll grün sein.
Es gibt ____ Möglichkeiten.

◒ **2** Anna überlegt, was sie anziehen möchte.
Löse mit der Tabelle.

a) Anna kombiniert ein T-Shirt mit einer Mütze.
Es gibt ____ Möglichkeiten.

b) Anna möchte nichts Gelbes und nichts Blaues anziehen.
Es gibt ____ Möglichkeiten.

c) Anna möchte keine grüne Mütze aufsetzen.
Es gibt ____ Möglichkeiten.

d) Anna behauptet, dass es nur 6 verschiedene Möglichkeiten gibt, wenn sie kein rotes T-Shirt anziehen möchte. Hat sie Recht? ____________

1 Die Segel in der Tabelle entsprechend färben. Verschiedene Kombinationsmöglichkeiten aus der Tabelle ablesen. Die jeweilige Anzahl der Möglichkeiten notieren. 2 T-Shirts und Mützen nach vorgegebenen Angaben in der Tabelle färben. Verschiedene Kombinationsmöglichkeiten aus der Tabelle ablesen und die jeweilige Anzahl notieren.

→ Schülerbuch, Seite 125

# Zufall und Wahrscheinlichkeit

○ **1** Du möchtest einen blauen Steckwürfel ziehen.
Vermute: Bei welchem Beutel ist die Wahrscheinlichkeit am größten? Kreuze an.

☐ ☐ ☐ ☐

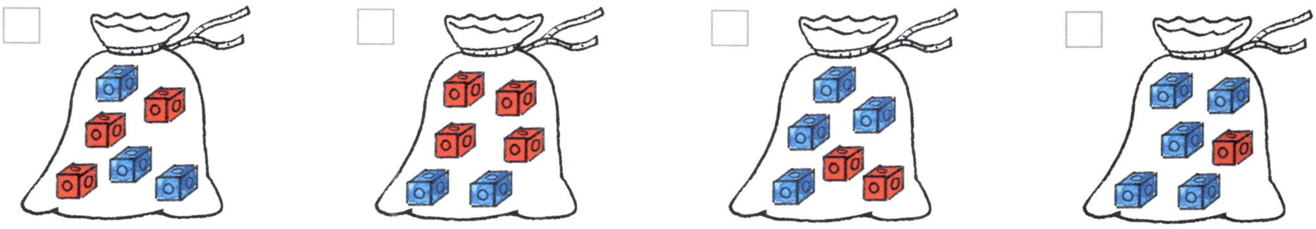

○ **2** Die 4 Kinder haben jeweils 40-mal einen Steckwürfel gezogen.
Vermute: Wer könnte aus welchem Beutel gezogen haben?

1
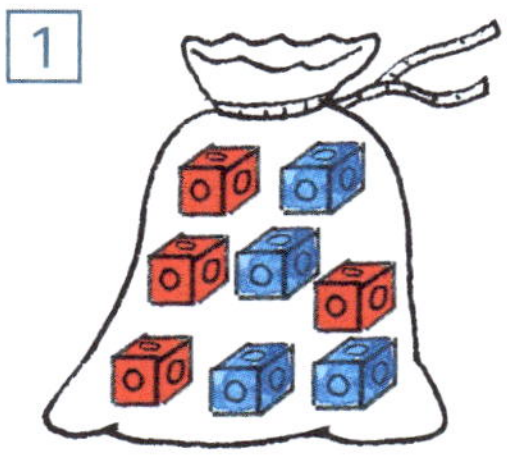

2
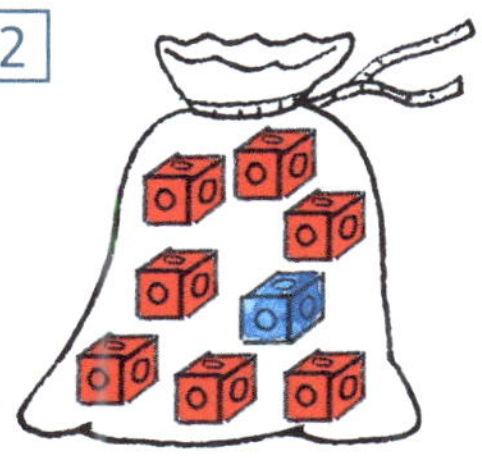

3
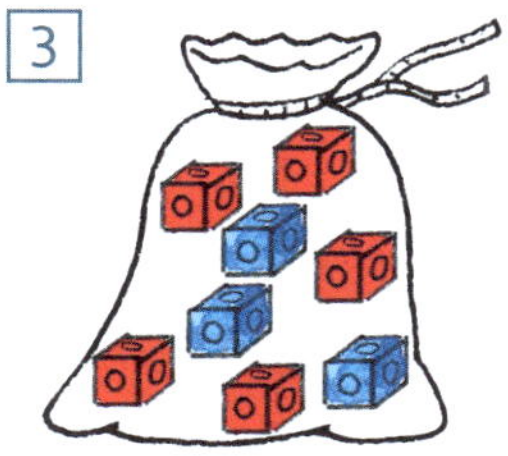

4
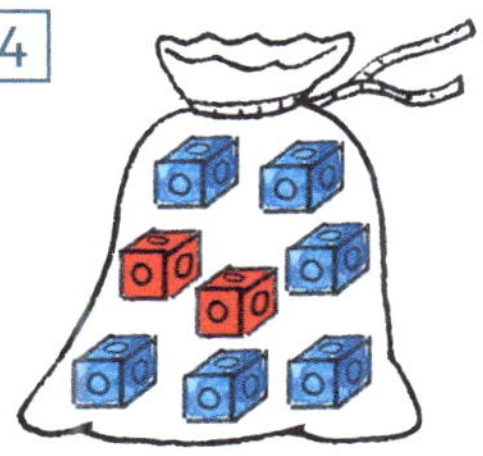

Kim: ☐

| | |
|---|---|
| 卌 卌 卌 卌 \|\|\|\| | 卌 卌 卌 \| |

Ina: ☐

| | |
|---|---|
| 卌 卌 卌 \|\|\|\| | 卌 卌 卌 卌 \| |

Jan: ☐

| | |
|---|---|
| 卌 卌 | 卌 卌 卌 卌 卌 卌 |

Paul: ☐

| | |
|---|---|
| 卌 卌 卌 卌 卌 卌 卌 \|\|\| | \|\| |

◒ **3** Der Rabe hat 5 Beutel nach der Wahrscheinlichkeit geordnet, einen roten Steckwürfel zu ziehen. Welche Steckwürfel könnten in den Beuteln sein? Male an.

1 2 3 4 5

unmöglich — möglich (wahrscheinlich) — sicher

1 Vermuten, bei welchem Beutel die Eintrittswahrscheinlichkeit am höchsten ist, einen blauen Steckwürfel zu ziehen. Diesen Beutel ankreuzen. 2 Strichlisten und abgebildete Beutel einander zuordnen. 3 Die Steckwürfel in den Beuteln entsprechend den Angaben am Wahrscheinlichkeitsstreifen rot und blau färben.



→ Schülerbuch, Seite 126

# Mit Gleichungen arbeiten

○ **1** Welche Gleichung passt zu welcher Rechengeschichte?
Verbinde, löse und antworte.

Max und Ida haben 20 Kastanien gesammelt. Sie wollen die Kastanien gerecht untereinander aufteilen.
Wie viele Kastanien bekommt jeder?

A: Jeder bekommt ____________
____________

Leon sammelt Fußballbilder. Er hat schon 20 Bilder. Opa schenkt ihm noch 4. Leon gibt Mika 2 Bilder ab.
Wie viele Bilder hat Leon jetzt?

A: ____________
____________

$2 \cdot 20 =$ ____ $20 + 4 - 2 =$ ____ $20 - 4 + 2 =$ ____ $20 : 2 =$ ____

In die Klasse 2a gehen 20 Kinder. In der Klasse 2b sind genauso viele Kinder.
Wie viele Kinder sind in beiden Klassen zusammen?

A: ____________
____________

Im Bus sitzen 20 Personen. An der Haltestelle steigen 4 Personen aus.
2 Personen steigen ein.
Wie viele Personen sitzen jetzt im Bus?

A: ____________
____________

○ **2** Welche Rechnungen passen?
Verbinde, löse und antworte.

Jonas ist mit seinem Vater auf der Kirmes. Beide wollen Schiffschaukel fahren. Papa gibt dem Kartenverkäufer einen 10-Euro-Schein.
Wie viel Geld bekommt Papa zurück?

A: ____________
____________

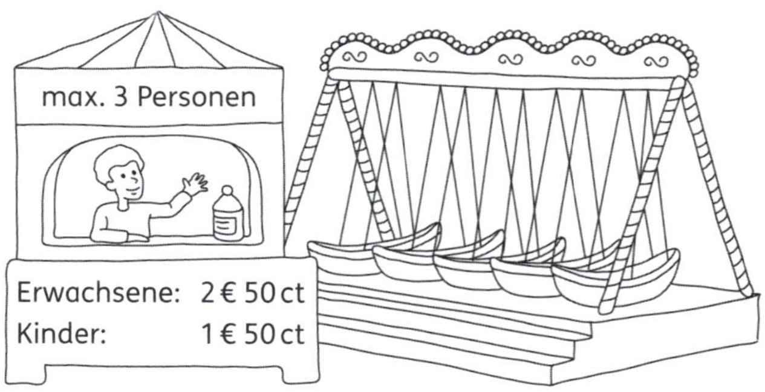


2 € 50 ct + 1 € 50 ct = ____ €
10 € – ____ € = ____ €

10 € – 2 € 50 ct – 1 € 50 ct = ____ €

10 € + 2 € 50 ct + 1 € 50 ct = ____ €



1, 2 Jede Rechengeschichte mit der richtigen Gleichung verbinden. Gleichungen lösen und Fragen beantworten. 2 Es gibt zwei passende Gleichungen.

→ Schülerbuch, Seite 128

# Mit Tabellen arbeiten

○ **1** a)

Maja und Sina haben zusammen 25 Muscheln.
Sina hat 3 Muscheln mehr als Maja.
Wie viele Muscheln hat jeder?

F: Wie viele Muscheln hat jeder?

L: + 3

| Maja | Sina | zusammen |
|---|---|---|
| 9 | 12 | 21 |
| | | |
| | | |

A: Maja hat Muscheln.
Sina hat Muscheln.

b)

Die Brüder Jonas und Moritz sind zusammen 29 Jahre alt.
Moritz ist 7 Jahre älter als Jonas.
Wie alt ist Jonas?
Wie alt ist Moritz?

F:

◒ **2** a)

Beim Hoffnungslauf laufen Jan und Ida zusammen 36 Runden.
Jan schafft doppelt so viele Runden wie Ida.
Wie viele Runden schafft jeder?

F:

b)

David und seine Tante Katja sind zusammen 36 Jahre alt.
Katja ist dreimal so alt wie David.
Wie alt ist Katja?
Wie alt ist David?

F:

**1, 2** Die Aufgaben durch möglichst systematisches Probieren lösen. Die Aufgaben mithilfe von Tabellen in drei Lösungsschritten bearbeiten (Frage, Lösung, Antwort).



→ Schülerbuch, Seite 129

# Mit Diagrammen, Daten und Tabellen arbeiten

○ **1** Die Klassen 2a und 2b der Seeschule haben ihre Augenfarben erforscht.
Zeichne für jede Klasse ein Säulendiagramm.
Beantworte die Fragen.

2a

| blau | braun | grau | grün |
|---|---|---|---|
| 卌 | 卌 \|\|\| | 卌 | \|\|\| |

2b

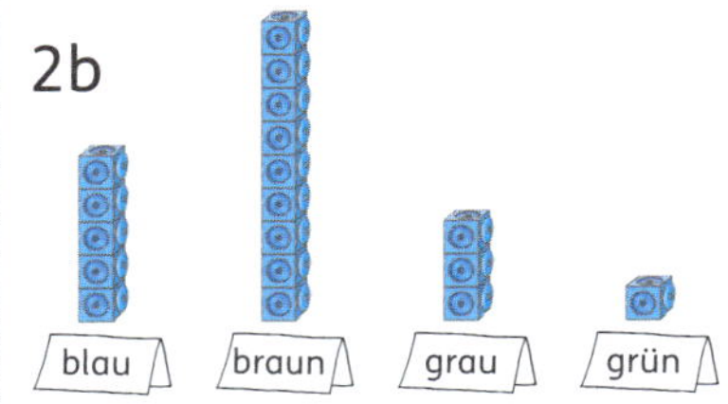


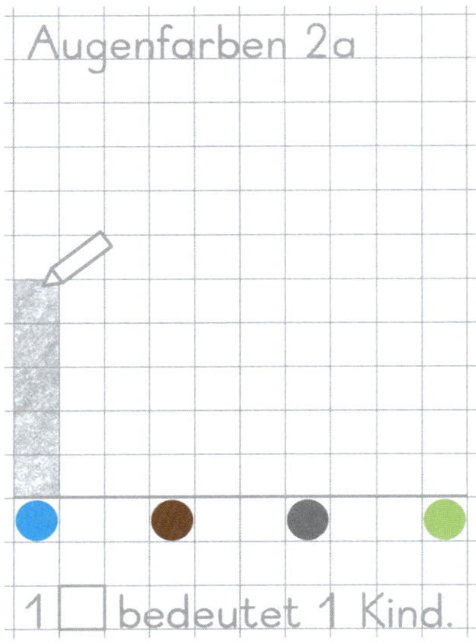

a) In welcher Klasse sind mehr Kinder mit braunen Augen?

___

b) Welche Augenfarbe kommt in beide Klassen gleich oft vor?

___

c) In welcher Klasse sind mehr Kinder?

___

◒ **2** Beantworte die Fragen zur Tabelle.

a) Wer hat am weitesten geworfen?

___

b) Wie weit war der weiteste Sprung?

___

c) Wer ist am schnellsten gelaufen?

___

d) Wer ist schneller gelaufen:
Abdul oder Jonas?

___

Bundesjugendspiele Jungen Klasse 3

| Name | Wurf | Sprung | Lauf |
|---|---|---|---|
| Max | 12 m | 1 m 78 cm | 12 s |
| Jonas | 15 m | 2 m 34 cm | 14 s |
| Nick | 9 m | 2 m 6 cm | 16 s |
| Juan | 20 m | 1 m 92 cm | 15 s |
| Eric | 18 m | 2 m 84 cm | 10 s |
| David | 11 m | 2 m 40 cm | 12 s |
| Abdul | 13 m | 1 m 99 cm | 13 s |
| Lasse | 21 m | 2 m 10 cm | 13 s |

1 Zu jeder Klasse ein Säulendiagramm erstellen. Daraus Daten ablesen, um die Fragen zu beantworten. Die Antworten notieren. 2 Daten aus der Tabelle ablesen, um die Fragen zu beantworten. Die Antworten notieren.



22

→ Schülerbuch, Seiten 130/131

1

1 Aufgaben lösen und Felder in den Farben der Ergebniszahlen ausmalen. Das Muster vervollständigen.
Selbst einschätzen, wie erfolgreich die Seite bearbeitet wurde, und entsprechenden Raben ankreuzen.



→ Schülerbuch, Seiten 132/133

# Knobeln mit Zahlen

○ 1 Welches Zeichen steht für welche Zahl?

◒ 2

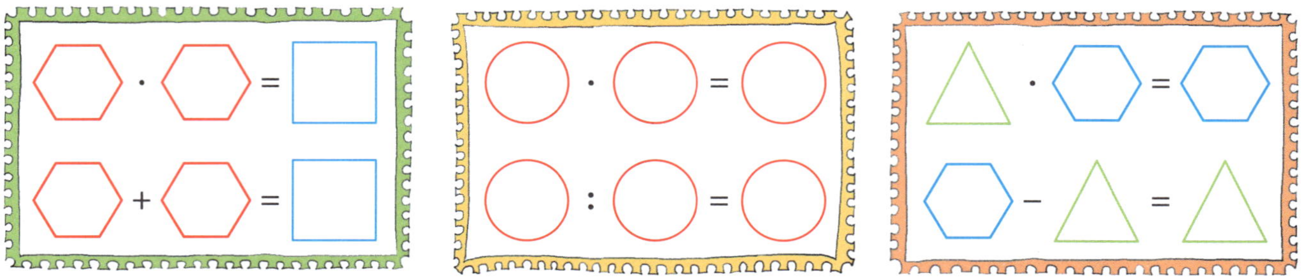

◒ 3

◒ 4

1–4 Gleiches Symbol bedeutet gleiche Zahl. Lösungen finden und dierekt in die Symbole eintragen. 2 Hier gibt es teilweise mehrere Lösungen.

→ Schülerbuch, Seite 135